Microsoft認定資格試験テキスト

AZ-900:Microsoft Azure Fundamentals

須谷聡史、富岡洋、佐藤雅信

本書に関するお問い合わせ

この度は小社書籍をご購入いただき誠にありがとうございます。小社では本書の内容に関するご質問を受け付けております。本書を読み進めていただきます中でご不明な箇所がございましたらお問い合わせください。なお、お問い合わせに関しましては下記のガイドラインを設けております。恐れ入りますが、ご質問の際は最初に下記ガイドラインをご確認ください。

ご質問の前に

小社Webサイトで「正誤表」をご確認ください。最新の正誤情報をサポートページに掲載しております。

▶ **本書サポートページ**

URL https://isbn2.sbcr.jp/21582/

上記ページの「正誤情報」のリンクをクリックしてください。なお、正誤情報がない場合、リンクをクリックすることはできません。

ご質問の際の注意点

- ご質問はメール、または郵便など、必ず文書にてお願いいたします。お電話では承っておりません。
- ご質問は本書の記述に関することのみとさせていただいております。従いまして、○○ページの○○行目というように記述箇所をはっきりお書き添えください。記述箇所が明記されていない場合、ご質問を承れないことがございます。
- 小社出版物の著作権は著者に帰属いたします。従いまして、ご質問に関する回答も基本的に著者に確認の上回答いたしております。これに伴い返信は数日ないしそれ以上かかる場合がございます。あらかじめご了承ください。

ご質問送付先

ご質問については下記のいずれかの方法をご利用ください。

▶ **Webページより**

上記のサポートページ内にある「この商品に関する問い合わせはこちら」をクリックすると、メールフォームが開きます。要綱に従って質問内容を記入の上、送信ボタンを押してください。

▶ **郵送**

郵送の場合は下記までお願いいたします。

〒106-0032
東京都港区六本木2-4-5
SBクリエイティブ　読者サポート係

はじめに

本書はMicrosoft Azureの入門資格であるAzure Fundamentals（AZ-900）の資格試験対策本です。これからクラウドサービスやAzureを使い始める方、Azure Fundamentalsの資格試験を短期間で合格したい方に向けて執筆しました。

Azure Fundamentals試験は受験前提がなく、誰でも受験ができる試験です。認定試験範囲としてクラウドの概念、Azureサービスの名前や利用用途を問う問題、セキュリティとプライバシー、Azureの価格とサポートに関する問題などが出題され、広範な知識が求められます。本書では最短で合格するために、実際の試験で出題されないようなAzureの構築方法や操作手順はできるだけ省略し、実践的な問題を多く出題しました。各章末に確認問題を、そして最終章に模擬試験を用意しましたので、ぜひ資格取得に挑戦してみてください。

世の中はコロナも終息し、企業はAIと共存する時代の到来に向けた取り組みが必要になってきます。これまでのクラウドの使い方としては、オンプレミスからクラウド基盤へのサーバーやデータの集約・移行（Cloud Transformation）を行ってきましたが、現在では多くの企業がクラウド上でデータ基盤を構築し、デジタル化による業務改革（Digital Transformation）に取り組んでいます。しかしこれからの時代は、これまでのクラウド基盤を活用した上で、AIを活用した新しい価値の創出（AI Transformation）が求められてきます。AzureにもAIソリューションが豊富に準備されており、新しい組織変革や新しいビジネス価値創出の取り組みが可能です。ぜひ、Azureを理解しAIと共存する時代の到来に向けた準備をしてみてください。

最後に、読者の皆様が本試験に合格することを願っております。

2023年8月
著者を代表して
須谷 聡史

目次

コラム目次

第1章
Azure 認定資格と対策

第1章では、Azure認定資格と試験対策について解説します。Azure認定資格体系と本書で取り上げるAzure Fundamentals資格の位置付けを理解し、試験に対する準備をしっかりすることが試験合格にとって何よりも重要です。

1-1
Azure認定資格とは

Azure認定資格は、マイクロソフト認定資格の中のカテゴリーの1つです。Azure認定資格を取得することで、**Microsoft Azure**のテクノロジーとソリューションに関する知識・経験を持っていることを客観的に証明できます。また、それぞれの資格試験で必要となる知識・スキルを体系的に習得するための学習目標になります。

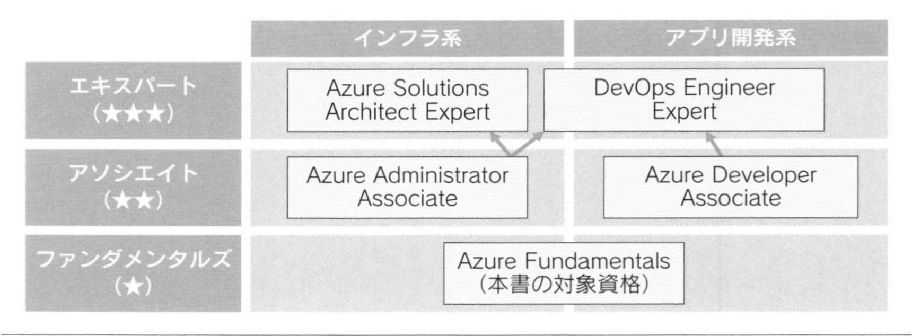

❏ 主要なAzure認定資格

Azure認定資格は、ファンダメンタルズ、アソシエイト、エキスパートの3段階でレベル分けされています。難易度に応じて、認定資格のバッジには星(★)が1個から3個付きます。最高難易度は星3個(★★★)のエキスパートです。

これとは別に、特定の製品・ソリューションに関する深い知識が問われる専門認定資格があります。今後扱う製品・ソリューションが限定されている方を除き、大半の方にとっては★の付く認定資格から取り組むことがおすすめです。

本章では、基本となるAzure認定資格だけを取り上げます。

ファンダメンタルズ試験

ファンダメンタルズ試験は、該当する分野のテクノロジーとソリューションをこれから扱い始める人向けの認定資格試験です。上位資格の前提にはなりませんが、該当分野の概念・用語を幅広く習得するきっかけになります。ファンダメンタルズ認定資格には、資格の有効期限が存在しません。

❑ ファンダメンタルズ試験

認定資格	難易度	合格が必要な試験
Azure Fundamentals	★	AZ-900

ロールベース試験

ロールベース試験は、特定の技術職の職務に求められるスキルを認定する資格です。アソシエイト（★★）とエキスパート（★★★）の2段階に分かれています。ロールベース試験で得られる認定資格は、スキルを最新に保つために有効期限が1年間になっています。なお、有効期限の6ヶ月以内にMicrosoft Learn（1-3節参照）で何度でも受けられる無料の**更新評価試験**に合格することで、期限をさらに1年間延長できます。

アソシエイト試験は必須試験の1試験に合格することで認定されます。エキスパート試験は、認められた1つのアソシエイト試験に合格することに加えて、エキスパート試験ごとにそれぞれ決められた1試験に合格すること、つまり合計2試験に合格することで認定されます。

エキスパート資格であるAzure Solutions Architect ExpertとDevOps Engineer Expertのいずれかを目指す場合でも、Azure Administrator Associate試験（AZ-104）は前提条件として認められたアソシエイト試験に該当します。ファンダメンタルズを取得した方が将来エキスパートを目指す場合、次はアソシエイトレベルであるAzure Administrator Associateの認定資格にチャレンジすることがおすすめです。

❑ アソシエイト

認定資格	難易度	合格が必要な試験
Azure Administrator Associate	★★	AZ-104
Azure Developer Associate	★★	AZ-204

❑ エキスパート

認定資格	難易度	合格が必要な試験
Azure Solutions Architect Expert	★★★	AZ-104とAZ-305
DevOps Engineer Expert	★★★	以下の条件のいずれか ①AZ-104とAZ-400 ②AZ-204とAZ-400

1-2 Azure Fundamentals認定資格について

本書で取り扱うAzure Fundamentalsは、正式には「Microsoft Certified：Azure Fundamentals」という名前で、難易度はファンダメンタルズ（★）に位置付けられるAzure認定資格です。Azure Fundamentalsは、クラウドを使ったサービスやソリューションをこれから使い始める方、Azureの初心者の方を対象としています。

ファンダメンタルズレベルのAzure認定資格としては、Azure Fundamentals以外にAzure Data FundamentalsやAzure AI Fundamentalsなどがあります。しかし、それらの認定資格試験では、クラウドの基礎的概念やAzureの基礎知識は知っていることを前提として頻繁に説明が省略されます。そのため、Azure Fundamentalsは、クラウドあるいはAzureを使い始める人が最初に取り組むべきAzure認定資格です。Azure FundamentalsはMicrosoft認定資格全体で見ても最も多くの人が取得している、Azure入門の位置付けの認定資格といわれています。

Azure Fundamentalsの取得を目指すべき人

Azure Fundamentalsの資格取得を目指すべき人は以下のような方です。

- これからクラウドを使い始める方、あるいはこれからAzureを使い始める方
- クラウドの概念、Azureのサービス、ワークロード、セキュリティ、プライバシー、価格およびサポートに関する基礎的な知識を有していることを証明したい方
- ロールベース資格や専門認定資格の試験へ向けた準備をしたい方（ただし、Azure Fundamentalsの合格はそれらの試験の受験前提条件ではありません）

認定試験と出題範囲

資格取得の前提条件

Azure Fundamentals認定資格は、AZ-900：Microsoft Azure Fundamentals試験に合格することで認定されます。AZ-900試験の受験およびAzure Fundamentals認定の前提条件はありません。

出題範囲

AZ-900試験（2023年7月31日更新版）の出題範囲および配分は以下のとおりです。

❏ 出題範囲と配分

	評価されるスキル	配分	本書での対応章
1	クラウドの概念について説明する	25～30%	2章
2	Azureのアーキテクチャとサービスについて説明する	35～40%	3～6、10、11章
3	Azureの管理とガバナンスについて説明する	30～35%	9、12章

それぞれの試験で問われる内容は以下のとおりです。

1. クラウドの概念について説明する

- クラウドコンピューティングについて説明する
- クラウドサービスを使用する利点について説明する
- クラウドサービスの種類について説明する

2. Azureのアーキテクチャとサービスについて説明する

- Azureのコアアーキテクチャコンポーネントについて説明する
- Azureのコンピューティングおよびネットワークサービスについて説明する
- Azureのストレージサービスについて説明する
- AzureのID、アクセス、セキュリティについて説明する

3. Azureの管理とガバナンスについて説明する

- Azureでのコスト管理について説明する
- Azureのガバナンスとコンプライアンス機能およびツールについて説明する
- Azureリソースを管理およびデプロイするための機能とツールについて説明する

- Azureの監視ツールについて説明する

詳細は以下のURLの学習ガイドを確認してください。

📖 試験AZ-900：Microsoft Azureの基礎の学習ガイド

URL https://learn.microsoft.com/ja-jp/certifications/resources/study-guides/AZ-900

＊【参考】2022年5月5日改定以前の出題範囲

AZ-900試験は、出題範囲が頻繁に更新される試験です。AZ-900試験は試験範囲が変更された後も、過去の試験範囲にのみ登場した概念やサービス名が出題される可能性があります。本書では、出題範囲外になった内容も解説はできるだけ残す一方で、模擬問題での出題頻度は最新の出題範囲に合わせて調整しました。

出題範囲が大きく変更された2022年5月5日以前の出題範囲は以下のとおりでした。

❑ 2022年5月5日以前の出題範囲と配分

	評価されるスキル	配分
1	クラウドの概念に関する説明	20～25%
2	コアAzureサービスに関する説明	15～20%
3	Azureのコアソリューションと管理ツールに関する説明	10～15%
4	一般的なセキュリティおよびネットワークセキュリティに関する説明	10～15%
5	ID、ガバナンス、プライバシーおよびコンプライアンス機能に関する説明	20～25%
6	Azureのコスト管理とService Level Agreementsに関する説明	10～15%

試験で問われていたそれぞれの内容は以下のとおりです。

1. クラウドの概念に関する説明

- クラウドサービスの利点と考慮点の識別
- クラウドサービスのカテゴリーごとの違いの説明
- クラウドコンピューティングの種別ごとの違いの説明

2. コアAzureサービスに関する説明

- コアAzureアーキテクチャコンポーネントの説明
- Azureで利用できるコアリソースの説明

3. Azureのコアソリューションと管理ツールに関する説明
- Azureで利用できるコアソリューションの説明
- Azure管理ツールの説明

4. 一般的なセキュリティおよびネットワークセキュリティに関する説明
- Azureセキュリティ機能の説明
- Azureネットワークセキュリティの説明

5. ID、ガバナンス、プライバシーおよびコンプライアンス機能に関する説明
- コアAzure IDサービスの説明
- Azureガバナンス機能の説明
- プライバシーおよびコンプライアンスリソースの説明

6. Azureのコスト管理とService Level Agreementsに関する説明
- コストの計画と管理の手法の説明
- Azure Service Level Agreements（SLA）とサービスライフサイクルの説明

試験時間と合格ライン

出題形式

出題形式に関して公開情報はありませんが、過去の傾向から、大半は**多肢選択式の問題**（問題文に対して、2個以上の選択肢の中から1個あるいは複数の解答を選択したり、ドラッグ&ドロップで組み合わせや並び順を選んだりする）が**35問から40問前後**出題されます。試験画面内に表示されているAzure Portalの画面上から、必要となる機能やサービス名の箇所をクリックするような問題が出題される可能性もあります。

はじめてMicrosoft認定資格試験を受験される方は、試験画面の操作方法に多少戸惑う可能性もあります。試験前に以下の**試験サンドボックス**で操作方法を確かめてください。

試験サンドボックス
URL https://mscertdemo-ja-jp.starttest.com/

試験時間

AZ-900試験の**試験時間は45分**です。事前説明やNDA（秘密保持契約）の署名などを含めた合計着席時間は65分です。通常、試験終了から数分以内に合格または不合格の結果が画面に表示されます。受験者は試験時間の終了を待つ必要はなく、試験終了ボタンを押したタイミングで退席が可能です。

合格ライン

AZ-900試験に限らず、Microsoft認定資格は試験結果が1～1,000点の間でスコア付けされ、**合格スコアは700点**です（Microsoft Office試験を除く）。試験の各問題の中には、完全正解でなくても部分点が与えられる問題や、正解しても合格スコアに加算されない問題がある可能性があります。そのため全体の7割の問題に正答したからといって、スコアが700点になるとは限りませんが、本番試験で7割以上の問題で正答を確実に選べることが受験者にとっての1つの目標になります。

受験料

AZ-900試験の受験料は**13,750円（12,500円＋税）**です。

受験方法

AZ-900試験は、試験ページのリンクから、Pearson VUE（試験運営サービス会社）に申し込むことで受験できます。受験方法には、テストセンター受験とオンライン受験の2種類があります。

テストセンター受験は、専門の会社が提供する試験用会場に受験者が赴く受験方式です。**オンライン受験**は、受験者が自宅やオフィスなどに第三者が立ち入れない専用の部屋を用意し、試験官がリモートからWebカメラとマイクを通じて試験中の監視を行う受験方式です。

Azure認定試験に不慣れな場合は、受験環境設定のトラブルが少ないテストセンター受験をおすすめします。

Column

試験範囲の改定

クラウドの分野は技術進歩が激しく、Azureの認定資格もこれまで何度も試験改定が行われてきました。試験改定は、同じ試験番号のまま試験範囲だけが改定されるものと、従来の試験が廃止されて、後継の試験に置き換わるものがあります。本書で取り上げているAZ-900試験は、試験番号はAZ-900のままで、これまでも複数回の試験範囲の改定が行われてきました。

改定内容は、Azureサービス名の変更への対応（例：「Windows Virtual Desktop→Azure Virtual Desktop」や「Azure Security Center→Microsoft Defender for Cloud」などの名称変更に対応）以外に、「ゼロトラスト」や「多層防御」など近年重要性を増している概念を出題範囲に追加する変更が行われてきました。

一方で、「データベースサービス」「AI」などが最新の試験の出題範囲からは外れました。出題範囲から外れたこれらの概念・サービスは、重要性が減って学習が必要なくなったのではありません。それぞれのファンダメンタルズ試験（DP-900、AI-900）がすでに存在しており、そちらの試験で体系立った学習を進める環境が整った状況を踏まえての改定だと考えられます。問題の選択肢に登場したり、他のファンダメンタルズ試験や上位試験でも問われたりするものですので、勉強しておくことに損はありません。

Azureの認定資格は試験改定が頻繁に行われ、過去の試験対策情報が古くなりやすい分野のため、Azure認定資格の学習を行う場合、その学習教材がどの試験に対応して作られたものかを事前に確認することが重要です。その上で、最新の試験との差分がある場合は、追加の対策を立ててください。

AZ-900試験のスケジュール設定

URL https://docs.microsoft.com/ja-jp/learn/certifications/exams/az-900#certification-exams

テストセンターおよびオンライン共通

1. 上記URLのAZ-900試験ページから「試験のスケジュール設定」のセクションを探し、「Pearson VUEでスケジュール」をクリックします。

❑ Pearson VUEでスケジュール

2. Microsoftアカウントでログインした後、認定資格プロファイルの情報が最新であることを確認し、「次へ」をクリックします。

❑ 認定資格プロファイルの確認

3. 割引のページで、バウチャーがない場合はそのまま「次へ」をクリックします。適用できる受験バウチャーを取得済みの場合は該当バウチャーの「割引を適用する」をクリックし、表示が「適用済み」に変更されたことを確認した後に、「次へ」をクリックします。

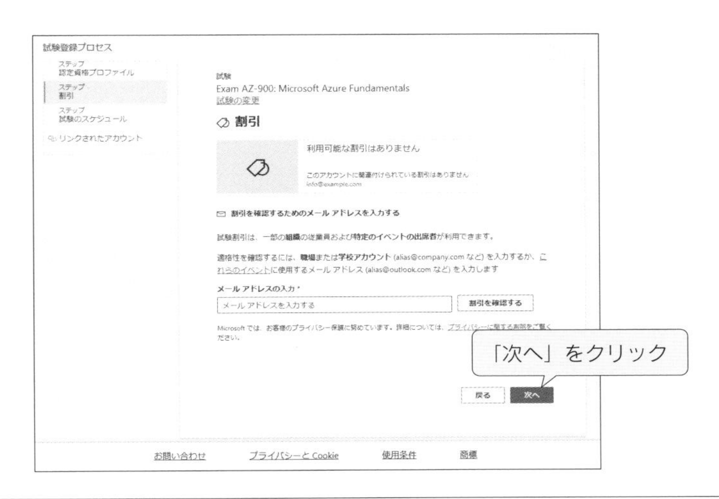

❏ 割引（バウチャー適用なしの場合）

4. 試験のスケジュールのページで、「Pearson VUEでスケジュールする」をクリックします。

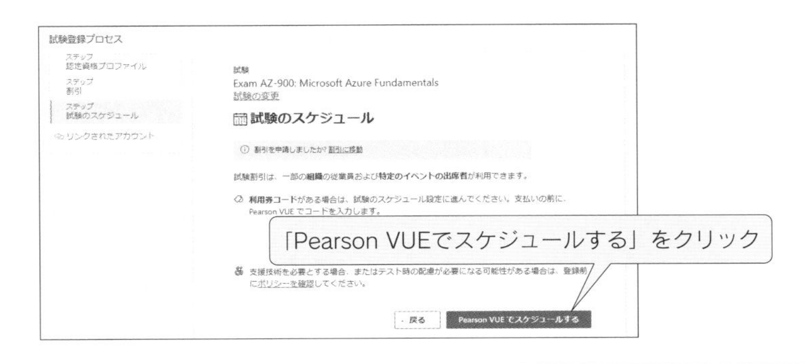

❏ 試験のスケジュール

以降は、Pearson VUEのサイトで手続きを行います。テストセンターとオンラインでの試験に分けて紹介します。

テストセンター

1. 試験オプションの選択画面で、「テストセンター」を選択し、「次へ」をクリックします。

❏ 試験オプションの選択（テストセンターの場合）

2. 試験言語の選択で「日本語」を選択し、「次へ」をクリックします。
3. 追加情報の指定で、守秘義務への同意を実施し、「次へ」をクリックします。
4. マイクロソフトのポリシーに同意する画面で、試験ポリシーを確認し、「同意します」をクリックします。
5. 最寄りのテストセンターを最大3つまで選択し、「次へ」をクリックします。
6. 予約可能日をカレンダーから選択し、予約可能スケジュールの選択肢の中から時間帯を選択し、「予約する」をクリックします。
7. 予約した試験名、受験日時・場所、支払金額の合計などをカートで確認し、「次へ」をクリックします。
8. 無料バウチャーがない場合は、クレジットカード情報を入力します。
9. 「もう少しで完了です」画面で申込内容を最終確認し、「予約内容の確定」をクリックします。
10. 予約を取ると、登録したメールアドレスにPearson VUEから「予約内容のご案内」というメールが届くので、その案内に従って試験を受験します。

オンライン

1. 試験オプションの選択画面で、「自宅または職場のオンライン」を選択し、「次へ」をクリックします。

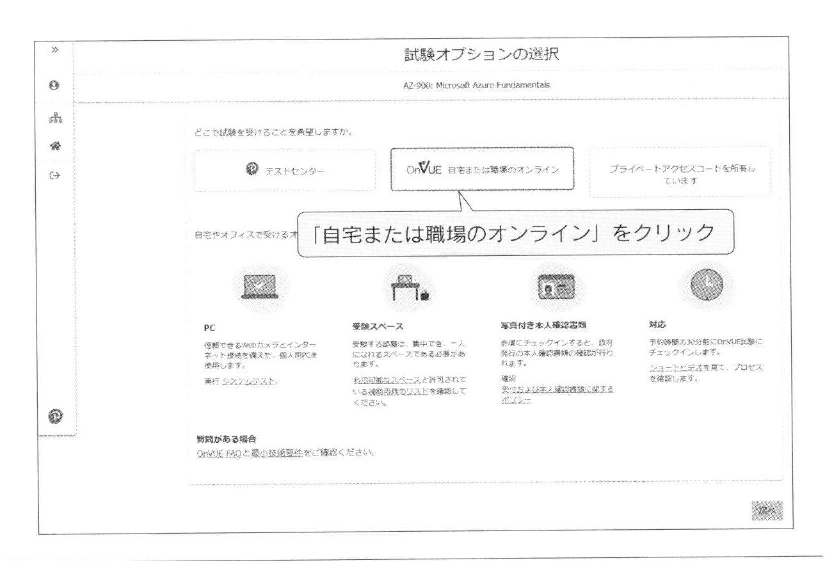

❑ 試験オプションの選択（オンラインの場合）

2. 試験言語の選択で「日本語」を選択し、「次へ」をクリックします。
3. 追加情報の指定で、守秘義務への同意を実施し、「次へ」をクリックします。
4. オンライン試験とマイクロソフトのポリシーに同意する画面で、試験ポリシーを確認し、「同意します」をクリックします。
5. プロクター言語の選択で、希望する試験監督の言語として「日本語」を選択し、「次へ」をクリックします。
6. 予約の検索でタイムゾーンを確認します。「Asia/Tokyo-JST」（東京、日本標準時間）など適切なタイムゾーンであれば、「はい、そうです。」をクリックします。続いて日付を選択し、予約の開始時間の選択肢から「予約する」をクリックします。
7. 予約した試験名、受験日時・場所、支払金額の合計などをカートで確認し、「次へ」をクリックします。
8. 無料バウチャーがない場合は、クレジットカード情報を入力します。
9. 「もう少しで完了です」画面で申込内容を最終確認し、「予約内容の確定」をクリックします。

10. 予約を取ると、登録したメールアドレスにPearson VUEから「予約内容のご案内」というメールが届くので、その案内に従って試験を受験します。

オンライン試験の受験を行うにあたり、受験する部屋とシステム要求を満たすコンピュータの確保、提示する身分証明書の準備、書籍やメモ帳などを事前に片付けること、家族や同僚などが部屋に決して立ち入らないことをお願いするなど、準備すべきことは多岐にわたります。オンライン試験を選ばれた場合は以下のページを熟読し、必ず条件を満たした状態で受験してください。

📖 Pearson VUEによるオンライン試験に関して

URL https://docs.microsoft.com/ja-jp/learn/certifications/online-exams

1-3 学習方法

本書だけでAZ-900試験に合格する力は十分につけていただけることを考えて執筆しています。ただ、他にもマイクロソフトが提供している研修プログラムやEラーニングサイトを活用して試験準備を行う方法もあります。

Microsoft Virtual Training Days（無料）

Microsoft Virtual Training Daysは、マイクロソフトが提供する無料のオンライントレーニングです。認定資格の受験のための学習コンテンツや、様々なソリューションに関する解説コースをオンラインで受講できます。

❏ Microsoft Virtual Training Days

AZ-900試験についても、「Microsoft Azure Virtual Training Day：Azureの基礎」という2日間（1日2～3時間程度）のコースを毎月のように提供しています。講義は事前録画済みの動画ですが、マイクロソフトのテクニカルエキスパートが受講者からのチャットでの質問にリアルタイムで回答してくれます。講義のスライド資料もダウンロードができ、このオンライントレーニングをしっかり受講するだけでも、試験の合格圏内に入る知識を身につけることができます。

📖 Microsoft Virtual Training Days

URL https://www.microsoft.com/ja-jp/events/top/training-days/

Microsoft Learn(無料)

Microsoft Learnは、マイクロソフトが提供している無料のEラーニングサイトです。Microsoft認定資格の取得に必要となる知識を習得できる学習コンテンツや、Azureサービスを無料で作成・検証できるサンドボックス機能など多様なコンテンツが提供されています。学習コンテンツを進めていくとポイントやトロフィーがもらえるなど、ゲームを進めるような楽しみもあります。

Microsoft Learnを使った学習は、AZ-900試験合格に向けたマイクロソフトの推奨学習方法です。以下の学習モジュールを勉強することで、試験合格に必要な知識は十分に習得できます。半日程度でできる分量ですが、途中で中断しても問題ないので、自分のペースで学習を進めてください。

📖 AZ-900ラーニングパス

URL https://learn.microsoft.com/ja-jp/certifications/exams/az-900/

❏ Microsoft Learn AZ-900ラーニングパス

- **Microsoft Azureの基礎**：クラウドの概念について説明する
- **Azureの基礎**：Azureのアーキテクチャとサービスについて説明する
- **Azureの基礎**：Azureの管理とガバナンスについて説明する

公式練習問題（無料）

マイクロソフトから**公式練習問題**（Practice Assessment for Exam）が提供されています。問題は50問です。問題文と解説は英語ですが、1問ごとに「解答を確認」ボタンを押すことで正解・不正解の判定結果と参照すべきMicrosoft Learnのコレクションを確認することができます。

問題をやり終えるとスコアレポートが表示されますので、どのセクションの問題が苦手なのかを把握できます。公式練習問題は何回でも受けることができ、出題される問題も毎回多少異なりますので、ぜひ本番の試験の前に公式練習問題も繰り返し受験してみてください。

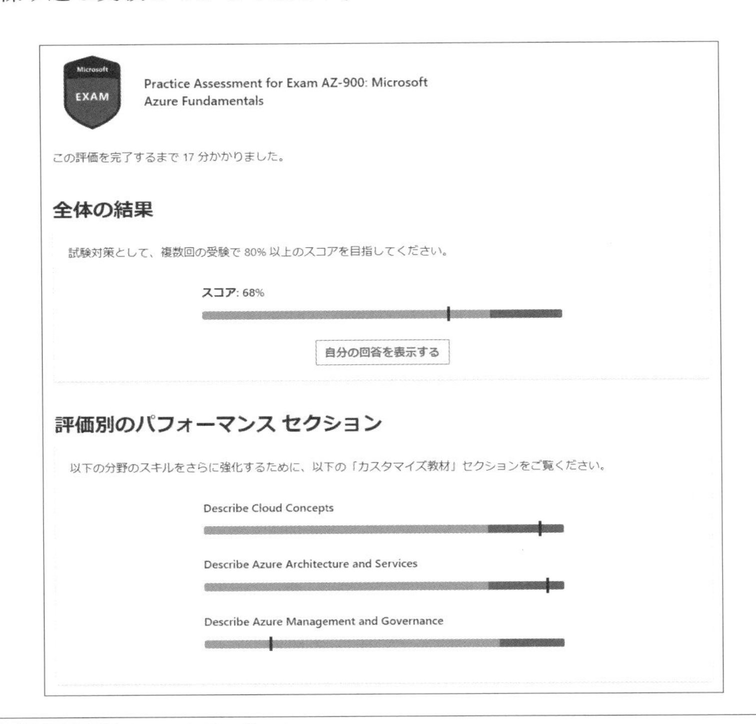

❏ 公式練習問題のスコアレポート

📖 試験対策用練習問題

URL https://learn.microsoft.com/ja-jp/certifications/exams/az-900/practice/assessment?assessment-type=practice&assessmentId=23

Column

スコアレポート

公式練習問題と同じように、本番の認定試験を受けると、合格あるいは不合格の結果だけでなく、試験セクションごとの成績を棒グラフで示したスコアレポートを受け取ることができます。

棒グラフが短いほど理解度が低く、長いほど理解度が高いことを示しています。不合格だった方は理解度の低かった部分を重点的に再学習することで、次回受験時に合格する確率を効率的に上げることができます。合格だった方にとっても、自分が苦手とする部分を把握することは、今後Azureを使った仕事をしていく上で重要です。

たとえば前ページで紹介した公式練習問題のスコアレポートでは、「Describe Azure Management and Governance（Azureの管理とガバナンスについて説明する）」のスコアが伸び悩み、そこが苦手分野だとわかります。そのため、この分野を再学習することが重要だと判断できます。

本番試験のスコアレポートは、テストセンターで退去時に紙で受け取れる以外に、Pearson VUEのWebサイトからPDFでいつでもダウンロードできます。スコアレポートのダウンロードページについては、マイクロソフトの認定ダッシュボードからアクセスできます。

本書の模擬試験（第13章）でもスコアレポート換算表を付けていますので、模擬試験で点数が伸びなかった章を重点的に復習し、本番試験に備えてください。

📖 Microsoft認定ダッシュボード

URL https://www.microsoft.com/ja-jp/learning/dashboard.aspx

本書の活用方法

本書が目指したもの

本書は、**読者の皆さんがAZ-900試験に最短距離で合格すること**を最大の目標として執筆しました。そのため、知識の定着に効果的だと考えられる場合を除き、実際のAZ-900試験で出題されないような内容は、できるだけ記載を省略しました。その代わり、章末問題や模擬試験を充実させています。

資格試験では、出題された問題の正答を確実に選べる能力が求められます。試験問題は、Azureの経験者であれば持っていてほしい知識を求められる内容となる工夫がされています。しかし、実際の試験で出題されないような広範な知識を無計画に追い求めることは、読者の皆さんの時間が限られていることを考えると効率的ではありません。

実際の試験問題では、名前や用途が似ているものが選択肢に並び、正しく用語や用途を理解しているかを問う問題が頻繁に出題されます。本書では、似た用語、似た概念の区別を読者が効率的にできるように執筆を行い、章末問題や模擬試験でも本番の試験に近い傾向の問題を用意しました。

試験の出題範囲に沿った勉強だけをしていると、実践力につながらないのではないかというご意見を持たれるかもしれません。しかし、筆者はそのようには考えません。IT資格試験の出題内容はよく吟味されており、出題範囲の勉強だけであっても実践力につながるベースとなっていきます。また、資格試験に合格したという事実は受験者にとって自信になるとともに、該当分野に一定以上の知識・スキルがあると周囲から認められるため、該当分野の相談を受けるきっかけにもなります。「立場が人を育てる」という表現がありますが、実践力を追い求めて資格試験に問われない内容の勉強に時間をかけるよりも、資格試験にまずは合格することを優先したほうが、受験者の成長速度はむしろ加速すると考えています。

本書のおすすめの活用方法

筆者の考えている効果的な活用方法を、一例として紹介します。

＊章末問題と模擬試験に目を通してから各章メインパートを読む

最初からページ順に読むのではなく、まずは各章の章末問題や模擬試験の問題文、選択肢、解答の解説に目を通してから、各章のメインパートを読み始めるのも効果的です。資格試験は試験問題に正答することが目的ですから、出題される問題の傾向を知ることは試験勉強の第一歩として重要です。

何も知識がない状態で読んでも答えは当然わからないと思いますが、どのような問題が問われ、正答として選ぶキーワードは何かということを漠然とつかむことは、学習範囲を学ぶ上で注目すべきポイントの手がかりになり、各章メインパートの学習効率を向上させます。

＊各章メインパートは第一段落と重要ポイントを中心に読む

本書の各章のメインパートは、できるかぎり第一段落に要点を記載し、第二段落以降は詳細説明や補足説明を中心に書くようにしています。そのため、第一段落の内容をしっかり理解して記憶しておくことが重要です。試験直前の限られた時間の中で復習する際も、第一段落と重要ポイントを中心に確認してください。

＊章末問題と模擬試験は100%正答できるまで繰り返す（最重要）

章末問題と模擬試験はすべて正答できるまで繰り返し練習してください。正答が選ばれる理由、正答でない選択肢の何が間違っているのかを何も見ずに答えられるようになることが目標です。本番の試験では、緊張や見たことのない問題、意図の読み取れない問題文などに戸惑うなどして、いつも以上に問題が難しいと感じ、模擬試験をやったときよりも正答率が落ちることがあります。

そのため、模擬試験でギリギリ70%程度の正解ではまだまだ準備不足です。章末問題と模擬試験を毎回確実に全問正解できる状態になれば、ほぼ間違いなくAZ-900試験に合格できる力はついています。

第2章
クラウドの基本的な概念

第2章では、クラウドの基本的な概念について解説します。この章で扱う内容は、Azureに限らない、他のクラウドにも当てはまる基礎知識です。第3章以降を学習するための前提となる知識であり、AZ-900試験もこの章の内容だけで25～30%と非常に大きい配分がされています。そのため、内容をしっかり理解し、問題を確実に正解できるようになることが重要です。

2-1
クラウドコンピューティング

クラウドコンピューティング（Cloud Computing）とは、「**サーバーやストレージ、ネットワークなどのコンピューティングリソース（計算資源）を、インターネット経由でどこからでも必要なときに利用できる**」というコンピューティングサービスの提供モデルです。クラウドコンピューティングは、多くの場合は省略して「**クラウド**」と呼ばれます。クラウドとは、雲（Cloud）という意味です。

マイクロソフトやAmazon Web Services（AWS）、Googleなどの「**クラウドプロバイダー**」は、Microsoft AzureやAWS（会社名と同じ）、Google Cloud Platform（GCP）などのブランド名のクラウドサービスを提供します。企業や団体、個人の開発者は、「**クラウド利用者**」としてクラウドサービスを活用して独自のITシステムをそれぞれ構築します。構築されたITシステムは、「**ユーザー**」に向けてサービスを提供します。

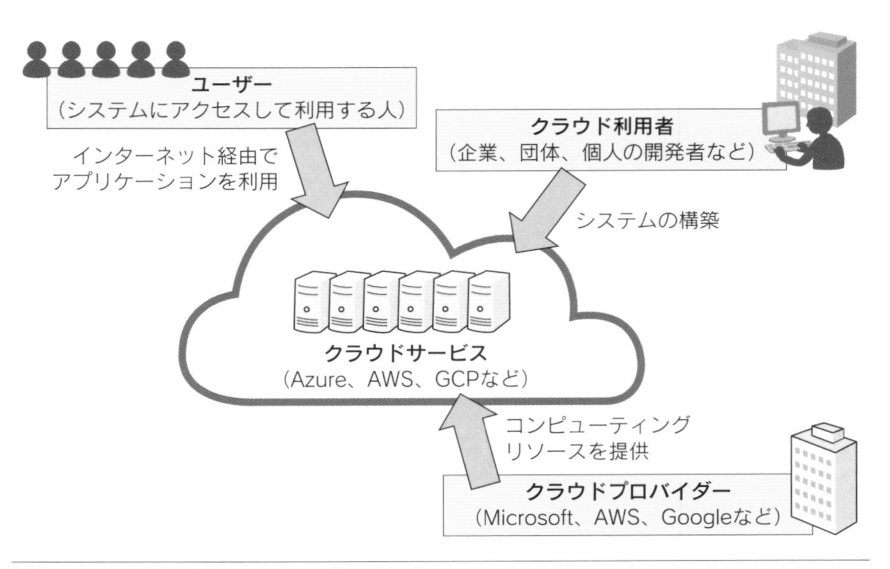

❏ クラウドコンピューティング

クラウドが登場する以前は、企業は自社でデータセンターを所有し、サーバーやネットワークを自分たちで構築・管理していました。この従来からあるコンピューティングリソースの利用モデルは、クラウドと対比する形で**オンプレミス**（on-premises）と呼ばれています。オンプレミスとは、「敷地内」という意味です。

クラウドを利用することで、企業はデータセンターやハードウェアの管理業務から解放され、ITシステムを迅速に構築・提供できます。また、最先端のIT技術が常に利用可能になり、他社との競争で技術的に優位に立つ機会が得られます。

Column

クラウドバイデフォルト

クラウドが登場し始めた当初は、他社に自分たちのデータを預けることの忌避感が強く、主にセキュリティの懸念からクラウドの採用を見送ることがしばしば発生しました。しかし、今日ではそのような懸念はかなり払拭されたように感じます。

日本国政府においても、2018年6月7日に『政府情報システムにおけるクラウドサービスの利用に係る基本方針』が発表されました。その中では**クラウドバイデフォルト原則**（Cloud by default principle）が示され、「政府情報システムのシステム化を検討する際にクラウドサービスを第一候補として検討すること」を基本原則とすることが宣言されています。

このように、現在のITシステムは「まずはクラウドを使うことをデフォルト状態（初期値）として検討を開始する」という考え方がすでに一般的になったといえます。

📖 政府情報システムにおけるクラウドサービスの利用に係る基本方針（初版）

URL https://cio.go.jp/sites/default/files/uploads/documents/cloud_ policy.pdf

2-2 クラウドの利点

クラウドの特徴を意識してシステムを構築すると、オンプレミスでシステムを構築する場合と比べて以下のような利点を得られます。ここでは、それぞれを解説していきます。

❏ クラウドの利点

利点	説明
高可用性（High Availability）	故障が発生してもシステムを継続利用できること
スケーラビリティー（Scalability）	コンピューティング容量を垂直方向もしくは水平方向に容易に増減できること
信頼性（Reliability）	広域被災などの大規模障害があってもシステムを継続利用あるいは復旧できること
予測可能性（Predictability）	パフォーマンスやコストの過去の変動を計測し、将来を予測して対応できること
セキュリティ（Security）	ITシステムとデータが保護され、必要なときに、権限のある人やアプリケーションだけが利用できること
ガバナンス（Governance）	業界標準などに準拠しない状態を改善させ、改善後の状態を維持させること
管理の容易さ（Manageability）	ITシステムを効率的かつ効果的に構築・管理できること

高可用性とスケーラビリティー

高可用性

高可用性（High Availability）とは、機器の故障や予期しないソフトウェアプログラムの停止が発生しても、ユーザーがシステムを継続して利用できるという特徴です。

システムは、アプリケーションやデータベース、ストレージなど多様なコンポーネントで構成されます。これらのコンポーネントは、ハードウェアの故障やソフトウェアの不具合などにより、予期しないタイミングで故障やプロセス停止が発生します。

このような故障が発生することを前提として考え、高可用性を意識し、故障が発生したコンポーネントの役割を別のコンポーネントが自動的に引き継ぐようにシステムを構成すれば、システムが使えない時間をユーザーにほとんど意識させない程度に短くできます。このような**障害に備えた設計**(Design for Failure)を意識した構成が容易に実現できるのがクラウドの利点の1つです。

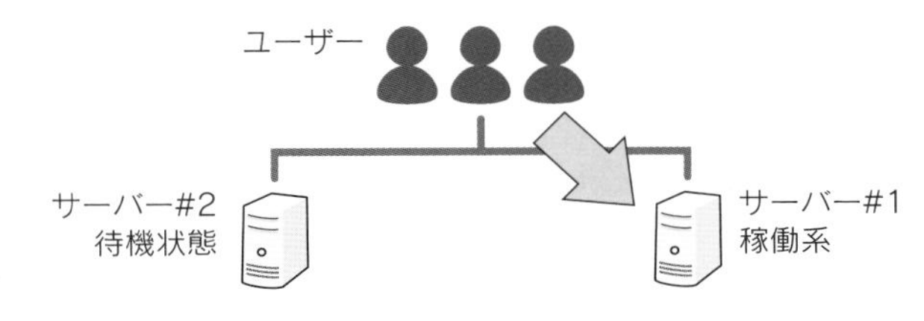

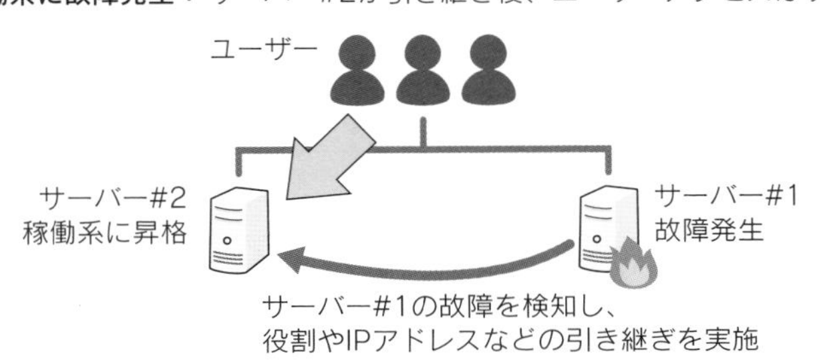

❑ 高可用性の例

高可用性と似た言葉に**フォールトトレランス**(Fault Tolerance)があります。試験対策としては、高可用性と同じ意味の用語として覚えておくだけで十分です。通常、高可用性は別のコンポーネントが自動的に役割を引き継ぐまで、システム停止時間が数分程度は発生することを前提とします。一方、フォールトトレランスは、機能の縮退などはあるものの、システム停止時間がほぼゼロで、継続的に使える点に違いがあります。フォールトトレランスを意識したシステム構成は、高可用性構成に比べて使える条件が限定されたり、システム構成コストが高くなったりする傾向があります。

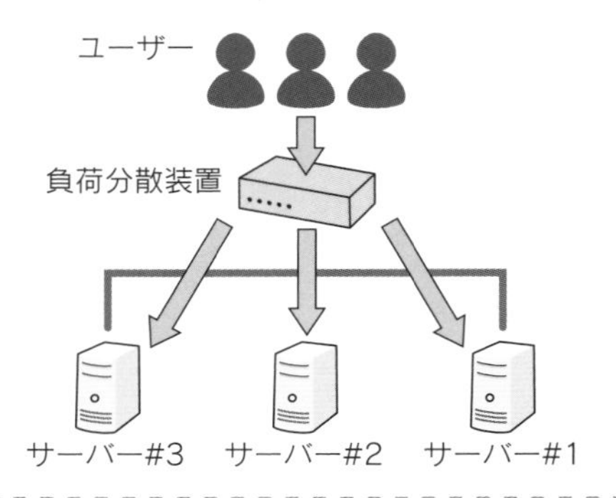

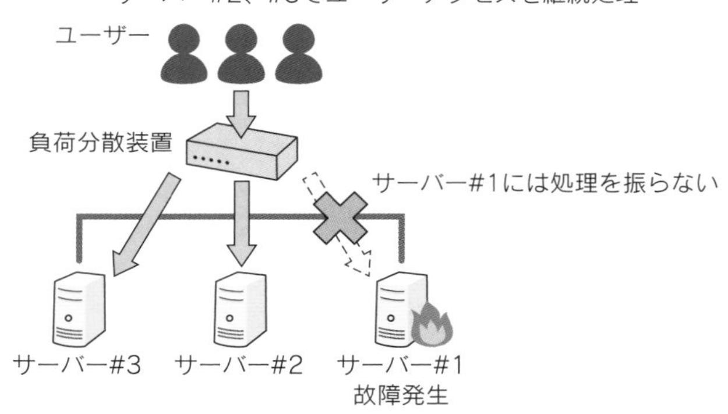

❑ フォールトトレランスの例

▶▶▶ 重要ポイント

- 高可用性とは、コンポーネントレベルの故障などが発生してもユーザーがシステムを継続利用できる特性。ほぼ同じ意味の言葉にフォールトトレランスがある。

スケーラビリティー

スケーラビリティー（Scalability、拡張性）とは、コンピューティング容量（CPUコア数やメモリーサイズなど）を容易に拡大・縮小できるという特徴です。コンピューティング容量の拡大・縮小の方法は、垂直スケーリングと水平スケーリングの2つに分けられます。

システムは、利用するユーザーの数の変動や、提供する機能の追加などにより、システムで必要となるコンピューティング容量が変わります。スケーラビリティーを備えたシステム構成にすることで、コンピューティング容量が不足したとき（あるいは過剰になったとき）に、容易にコンピューティング容量を拡大・縮小できます。クラウドには大容量のコンピューティングリソースがあらかじめ用意されており、不足すれば必要なだけリソースを追加して割り当て、不要になれば破棄して縮小することが容易にできます。

垂直スケーリング（Vertical Scaling）とは、サーバーマシンの台数を変えずに、性能の異なるマシンに入れ替えることです。性能の低いものを高いものに入れ替えることを**スケールアップ**（Scale Up）、性能の高いものを低いものに入れ替えることを**スケールダウン**（Scale Down）といいます。

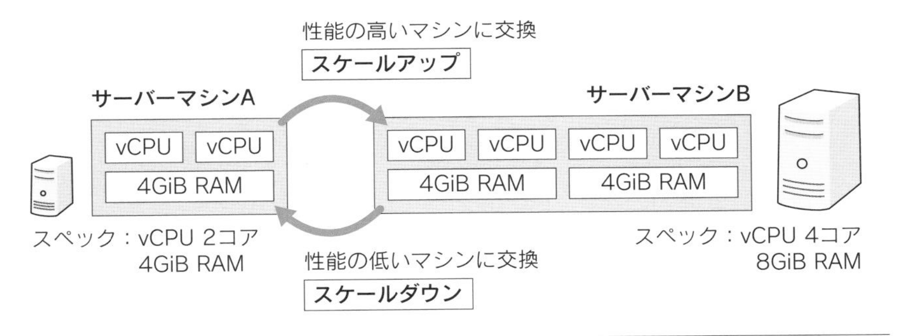

❏ 垂直スケーリング（スケールアップとスケールダウン）

水平スケーリング（Horizontal Scaling）は、並列処理するサーバーマシンの台数を増減させることです。並列処理するマシンの数を増やすことを**スケールアウト**（Scale Out）、並列処理するマシンの数を減らすことを**スケールイン**（Scale In）といいます。

並列処理するマシンの数を増やす

スケールアウト

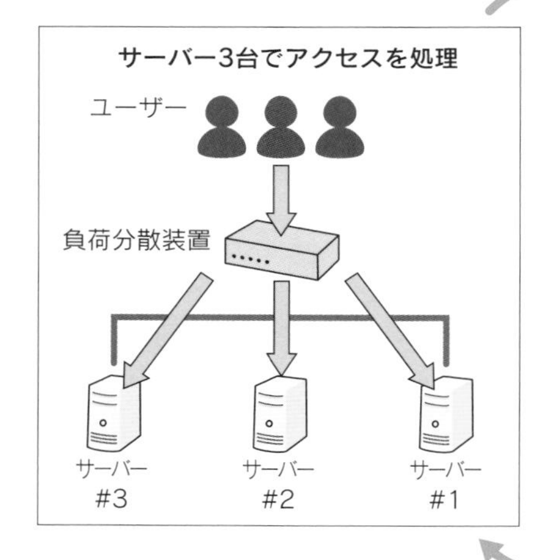

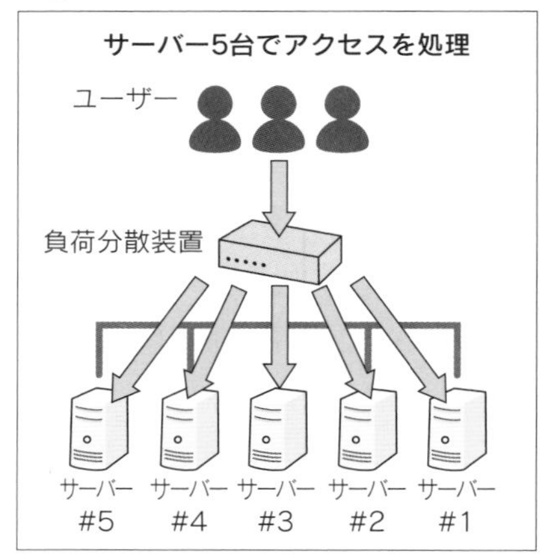

並列処理するマシンの数を減らす

スケールイン

❑ 水平スケーリング（スケールアウトとスケールイン）

クラウドを使ったシステム全体の性能を向上させる際に、垂直スケーリングと水平スケーリングのどちらも使える場合、たいていは水平スケーリングのほうがシステム稼働に影響を与えることなく安価に実現できます。ただし、システム構成や性能不足の条件によっては、水平スケーリングではなく垂直スケーリングが採用されることもあります。

重要ポイント

- スケーラビリティーとは、コンピューティング容量を容易に拡大あるいは縮小できる特性。
- スケーリングの方法は、マシンの数を変えずにコンピューティング容量を増減させる垂直スケーリングと、マシンの数を増減させる水平スケーリングに大別される。

Column

稼働率

高可用性にも含まれる**可用性**とは、「**システムが継続して利用できること**」という意味の言葉です。可用性は、**稼働率**という指標で表現されます。どちらも英語ではAvailabilityですが、日本語において、可用性は特徴、稼働率は指標として使い分けられます。

稼働率は、次の公式のように、**MTBF**（Mean Time Between Failure、平均故障間隔）と**MTTR**（Mean Time To Repair、平均復旧時間）を使って算出されます。算出結果は必ず1以下の数値になります。高ければ高いほど、つまり1に近ければ近いほど可用性が高いとみなされます。稼働率は、システムの安定性・信頼性を定量的に把握する指標として広く使われています。

$$\text{稼働率} = \frac{①\text{MTBF}}{①\text{MTBF} + ②\text{MTTR}}$$

❏ 稼働率の公式

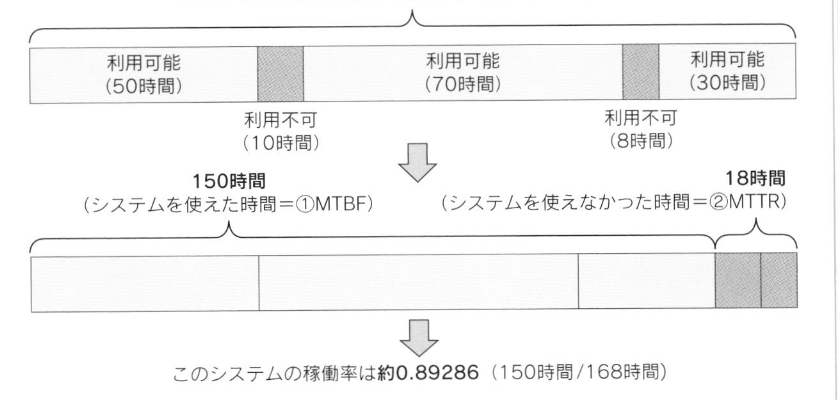

❏ 稼働率

たとえば、システムを1週間（168時間）連続運用していて、18時間は障害でシステムが使えなかった時間だったとします。この18時間を、障害が発生してから復旧が完了するまでの時間という意味でMTTRといいます。また、システム運用時間の中で、168時間から18時間を引いた150時間は、システムが止まっていなかった時間という意味でMTBFといいます。MTBFはシステムが使えていた時間と同じ意味です。この時間を稼働率の公式に当てはめた計算結果の約0.89286（約89%）がこのシステムの稼働率になります。

公式を見ると、分子と分母の両方にMTBFが入っています。そして、MTTRは分母にしか入っていません。稼働率は高ければ高いほど、可用性が高いとみなされるので、稼働率を上げたい場合はMTTRの数値をできるだけ小さくする必要があります。つまり、システムが障害で止まらないようにすること、システムが障害で止まってもできるだけ短い時間で復旧完了させることが重要です。

先ほどの例ではMTTRにかなり大きめの数字を設定しました。しかし、実際の企業システムの稼働率は、通常は0.99（99%）よりも大きな値が必要となります。0.99という数字を見ると相当安定しているように見えますが、それでも1年間稼働すると年間累計で約88時間はシステムが停止することを意味します。稼働率を0.999（99.9%）まで引き上げると、年間累計停止時間は約8.8時間まで縮小します。

❏ 稼働率とシステム停止時間

稼働率	年間累計停止時間
0.99　（99%）	約88時間
0.999　（99.9%）	約8.8時間
0.9995　（99.95%）	約4.4時間
0.9999　（99.99%）	約52.6分
0.99999　（99.999%）	約5.3分
0.999999（99.9999%）	約32秒

稼働率を上げるためには、高可用性あるいはフォールトトレランスを意識したシステム構成にする必要があります。しかし、その分だけシステム投資コストが上昇します。稼働率は高いことが望ましいですが、システムが使えなくなった際の社会的影響や機会損失などを考慮し、それに相応（ふさわ）しい範囲のシステム投資コストに抑えた構成にすることも重要です。

クラウドでシステムを構築する場合、「サービスレベルアグリーメント」と呼ばれるクラウドプロバイダーに保証された稼働率の値を、システム構成検討の際に意識することが必要です。サービスレベルアグリーメントに関しては、第12章で解説します。

信頼性と予測可能性

信頼性

信頼性（Reliability）とは、広域被災などの大規模障害があってもシステムを継続利用あるいは復旧できるという特徴です。通常だと信頼性の中に高可用性も含まれますが、AZ-900試験では、**コンポーネントレベルの障害対策は高可用性、1つのリージョン（地理的区域）がまるごと使えなくなるような広域被災の障害対策は信頼性**、と覚えておくことがおすすめです。

高可用性の項でも説明したように、システムの障害は避けられないものです。信頼性の高いITシステムとは、たとえ障害が発生したとしても、障害で止まっている時間が短く、再び使えるようになったときに障害以前と同じ状態が保たれているシステムです。

システムコンポーネントレベルの障害対策は、高可用性やフォールトトレランスを意識して構成すれば対策できます。しかし、大地震などの大規模災害が発生し、データセンターのビルがまるごと使えなくなるような大規模障害が発生した場合、高可用性だけでは対応できないことがあります。

サーバーは、被災範囲外のデータセンターに待機系システムをスタンバイさせておくか、必要時に再セットアップすれば同じ状態で利用再開できます。一方でシステム上のデータは、一度壊れたときに完全に同じ状態に戻すのが難しいことがほとんどです。それにもかかわらず、1箇所のデータセンターにしかデータが保存されていないことがよくあります。

このような大規模障害に対しては、遠隔地のデータセンターに待機系システムを持ち、メインのデータセンターのデータを定期的に遠隔地に転送して保管し、メインのデータセンターが被災した際にはそちらに切り替えることで、システムの信頼性を高めることができます。このように必要に応じて遠隔地のデータからシステムとデータを復旧できるように備えておくことは、**ディザスターリカバリー**（Disaster Recovery）ともいいます。ディザスターリカバリーは、システムの継続利用よりは、万が一のときに「復旧」できることを特に強調した言葉です。

通常時： ユーザーは東京データセンターのシステムにアクセス。
東京データセンターのデータは定期的に大阪データセンターにコピーされる。

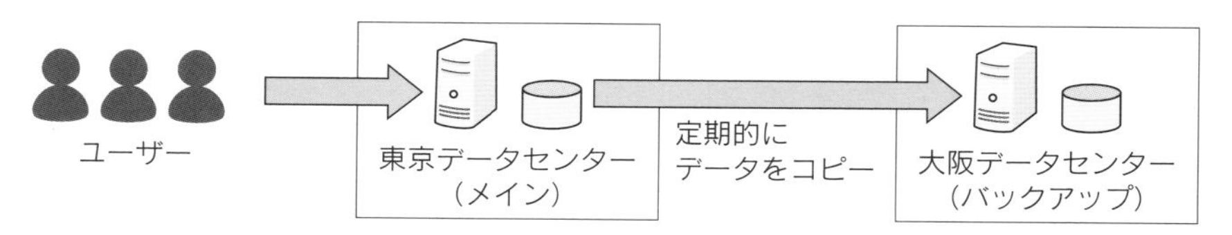

東京データセンター被災時：
大阪データセンターは東京データセンター側から最後にコピーされたデータを使いシステムを提供。
ユーザーは大阪データセンターのシステムにアクセスして継続利用が可能。

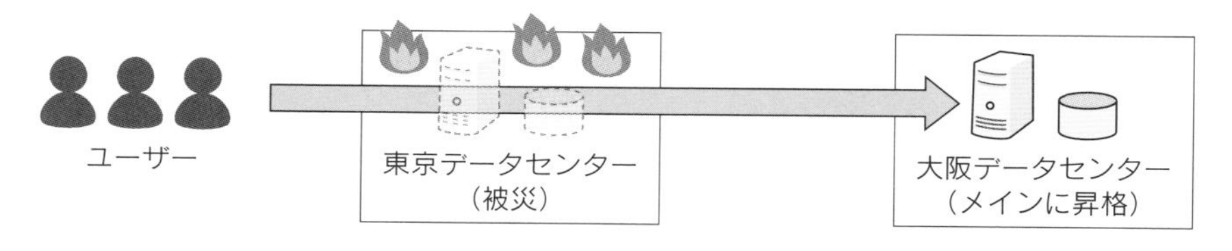

❏ 信頼性を意識したITシステム

メインのデータセンターとは別に、遠隔地にデータセンターを建設し所有することは非常にコストがかかります。しかし、主要なクラウドサービスでは、クラウドプロバイダーが提供する全世界のクラウドデータセンターを利用でき、遠隔地のデータセンターを自前で用意する必要がありません。そのためクラウドでは、信頼性を意識したシステムをより容易かつ安価に構築できます。

▶▶▶重要ポイント

- 信頼性とは、広域被災などの大規模障害があってもシステムを継続利用あるいは復旧できるという特徴。
- 遠隔地にデータ保存を行い、広域被災でも復旧できるという特徴は、ディザスターリカバリーという。
- クラウドを利用すると、遠隔地に自前のデータセンターを所有することなく、安価かつ容易に信頼性を意識したシステム構成ができる。

Column

地域分散

信頼性の項で、全世界のクラウドデータセンターの説明をしました。グローバル規模で分散されたデータセンターを活用することによって、信頼性を向上させるという考え方です。このグローバル規模で分散されていることは、**地域分散**（Geo-distribution）と表現されます。

地域分散のメリットは信頼性向上だけではありません。グローバルに展開している企業で、ユーザー（顧客）の住んでいる地域に近いリージョンにアプリケーションを展開することで、ユーザーとアプリケーションとの間のネットワーク上の転送時間を短縮し、ユーザーから見たアプリケーションの応答時間を短くできます。

予測可能性

予測可能性（Predictability）とは、パフォーマンスやコストの過去の変動を計測し、将来を予測して対応できることです。将来を予測するためには、過去の実績を追跡して把握できることが重要です。そして、リアルタイムに分析し対応することで、予測可能性は意味を持ちます。クラウドは、これらの計測、分析、対応に役に立つ機能・ツールを数多く揃えています。

パフォーマンスの予測可能性は、ITシステムのコンピューティングリソース要求量の変化に応じて、コンピューティング容量を最適化するための能力といえます。パフォーマンスの予測可能性による最適化方法としては、スケーラビリティーを利用した対応と、負荷分散を利用した対応が代表的です。

スケーラビリティーを利用した方法では、現在割り当てられているコンピューティング容量では足りないような量のリクエストが来た場合、追加でコンピューティング容量を割り当てます。逆に、リクエスト量が減少し、現在のコンピューティング容量に余剰が発生した場合は、不要なコンピューティング容量を解除します。これにより、多すぎも少なすぎもしない最適なコンピューティング容量を確保することができます。

スケーラビリティーを活かして、自動的にコンピューティング容量を変更する特徴は、**弾力性**（Elasticity）ともいいます。弾力性は「自動的に」という部分を特に強調した言葉です。スケーラビリティーは、コンピューティング容量を「変更できる」という部分を強調した言葉で、実際の変更方法が自動であるか手動であるかは問いません。そのため、「自動で変更する能力」と問われた場合は、スケーラビリティーよりも弾力性のほうが適当な言葉です。スケーラビリティーと弾力性の両方の特徴を備えた機能として、**動的スケーリング**(Dynamic Scaling)や**自動スケーリング**(Automatic Scaling)という言葉が使われることもあります。

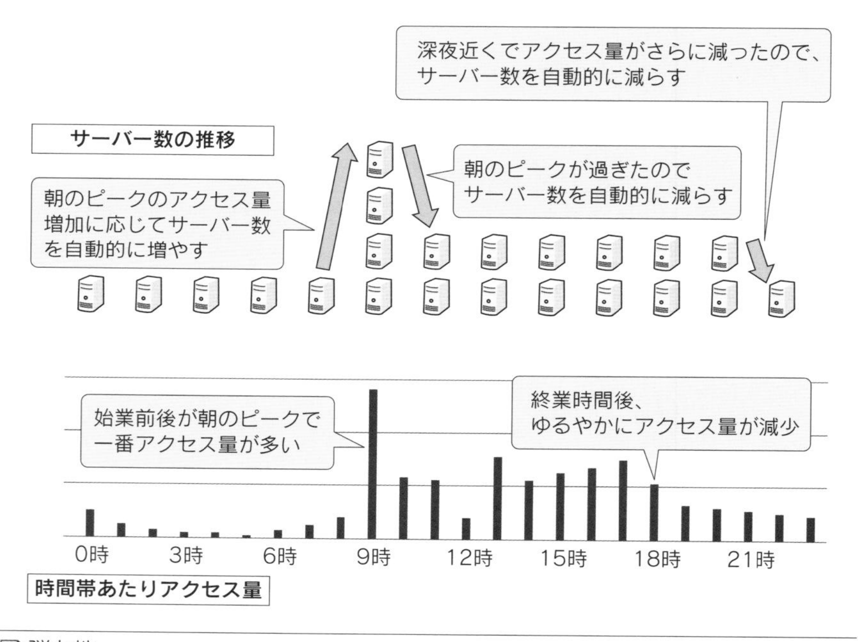

❏ 弾力性

負荷分散を利用した方法は、コンピューティング容量をあまり使用していないサーバーに負荷を優先的に割り振り、ITシステム全体で処理できるリクエスト量を増加させる方法です。応答時間の短いリージョン(地域区域)のサーバーに優先的にリクエストを割り振ることで、特定リージョンのシステムに処理が偏ったりする状況を改善させる方法や、URL単位で処理させるサーバーの組み合わせを制御する方法などがあります。AZ-900試験では負荷分散の細かい制御方法は問われないと思いますが、上位資格を目指す場合はぜひ覚えておいてください。

コストの予測可能性とは、クラウドで利用する際に発生する想定コストが今後いくらになるかを試算でき、その試算に基づくコスト計画に対して、現在までの実績課金金額と今後の利用想定額を把握できる特徴です。これらのコスト予測可能性を実現するAzureのコスト管理ツールは、第12章で紹介します。

▶▶▶**重要ポイント**

- 予測可能性とは、パフォーマンスやコストの過去の変動を計測し、将来を予測して対応できること。
- パフォーマンスの予測可能性は、ITシステムのコンピューティングリソース要求量の変化に応じて、コンピューティング容量を最適化するための能力。
- コンピューティング能力の最適化を自動的に行う特性は、弾力性と呼ばれる。
- コストの予測可能性は、想定コストの試算、実際にかかった課金額の把握、今後の想定利用額を把握できる特徴。

セキュリティとガバナンス

セキュリティ

セキュリティ（Security）とは、ITシステムとデータが保護され、必要なときに、権限のある人やアプリケーションだけが利用できることです。ITシステムのセキュリティが保たれた状態とは、機密性、完全性、可用性の3要素が確保されている状態です。クラウドでは、これらの3要素を確保するための機能を多数利用できます。

機密性（Confidentiality）とは、必要な人やアプリケーションだけが利用できることです。言い換えると、権限のない人やアプリケーションがシステムやデータにアクセスできないように遮断することともいえます。そのため、アクセスしてきた人が本人かを確認（認証）し、その人に認められた権限のみを付与（認可）するようにしたり、ネットワーク越しの通信であれば通信データや通信経路を暗号化したりする対応が必要になります。

完全性（Integrity）とは、破壊や改ざんからデータを保護することです。ITシステムで重要データを扱うことになった場合、データの漏えいには至らなくても、データが破壊されるだけで大きなビジネス損害が発生します。データ改ざんに至る不審な操作を検知する他、万が一データが破壊や改ざんされた場合でも直前のデータまで復旧するために、データのバックアップとリストア（復元）

機能が必要になります。

可用性（Availability）は、ITシステムが継続利用できることです。高可用性とスケーラビリティーの項では、ハードウェア故障やソフトウェア障害を可用性に対する脅威として紹介しました。セキュリティの文脈においては、悪意ある第三者から攻撃されてシステムが止まる、という脅威についても意識する必要があります。このような脅威には、大量のリクエストを対象システムにぶつけるサービス拒否攻撃（Denial of Service Attack、DoS攻撃）など、リモートから実行可能な攻撃手法が数多くあります。これらの攻撃に対しては、ネットワークレベルでの保護機能（DoS対策など）や、攻撃時に利用されるセキュリティ欠陥（脆弱性）を修正するソフトウェアパッチ適用の運用自動化機能などが必要になります。

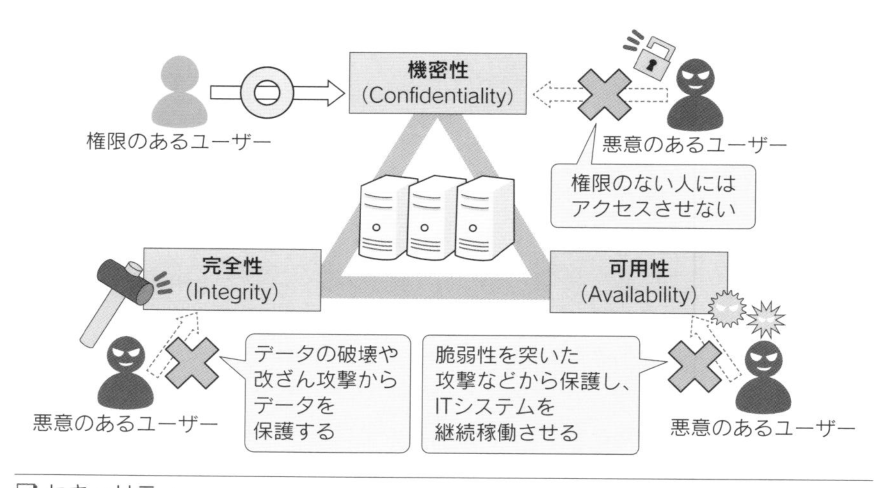

❑ セキュリティ

クラウドを利用したITシステムは、インターネット接続可能な状態で構築することが多く、閉域ネットワークからしかアクセスさせないオンプレミスのシステムと比べた場合、リモートから攻撃される脅威も増加します。一方で、それらの脅威に対抗するための機能もクラウドには豊富に用意されています。ITシステムを会社からだけでなく、インターネット経由で自宅などから使えるようにすることを目指す場合、クラウドの豊富なセキュリティ機能とベストプラクティスを組み合わせるほうが、より安全（セキュア）なシステムを構築できると考えることができます。

▶▶▶ 重要ポイント

- セキュリティとは、ITシステムとデータが保護され、必要なときに、権限のある人やアプリケーションだけが利用できること。機密性・完全性・可用性が確保された状態。
- 機密性とは、必要な人やアプリケーションだけが利用できること。認証・認可制御や暗号化で保護する。
- 完全性とは、破壊や改ざんからデータを保護すること。破壊や改ざんがなされた際も、直前のデータを復元して確保する。
- 可用性とは、ITシステムが継続利用できること。リモートからの攻撃でITシステムが停止させられることを、ネットワーク保護やソフトウェアパッチ適用で未然に防止する。

ガバナンス

ガバナンス（Governance）とは、業界標準などに準拠しない状態を改善させ、改善後の状態を維持させることです。構築済みのITシステムに対しては、セキュリティ基準などへの適合度を評価し、基準に準拠していない項目を検出します。また、今後構築するコンポーネントに対して、基準に準拠しない項目の設定をできないように制限することもガバナンスの一例です。

クラウドのシステムは構成の自由度が高く、容易に構築・変更ができることから、意図せずに間違った構成や設定を行ってしまうことがあります。そして、それらの間違った設定が、セキュリティ的な問題や意図しない高額な課金を引き起こす可能性があります。そのため、ITシステムとしてのあるべき姿のベースラインを定め、そのベースラインを満たしていることを確認することが重要です。さらに、その後の変更作業などによって問題が引き起こされていないかを継続的に確認することが、ITシステムのガバナンスにとっては重要です。

クラウドは、このようなガバナンスを実現するツールを備えています。Azureのガバナンス機能は第11章で詳しく紹介します。

▶▶▶ 重要ポイント

- ガバナンスとは、業界標準などに準拠しない状態を改善させ、改善後の状態を維持させること。

管理の容易さ

管理の容易さ（Manageability）とは、ITシステムを効率的かつ効果的に構築・管理できることです。クラウドには、サービスを組み合わせて構築・運用の負担を省力化するツールが多数存在します。

クラウドを利用して構築するITシステムは、専用のポータル画面やコマンドラインなどを通じて、ソフトウェアやサービスをセルフサービスで自由に組み合わせて構築できます。このため、ITシステムを構築する際に、クラウドプロバイダー（プラットフォーム提供元）への申請の手間は大幅に削減されます。

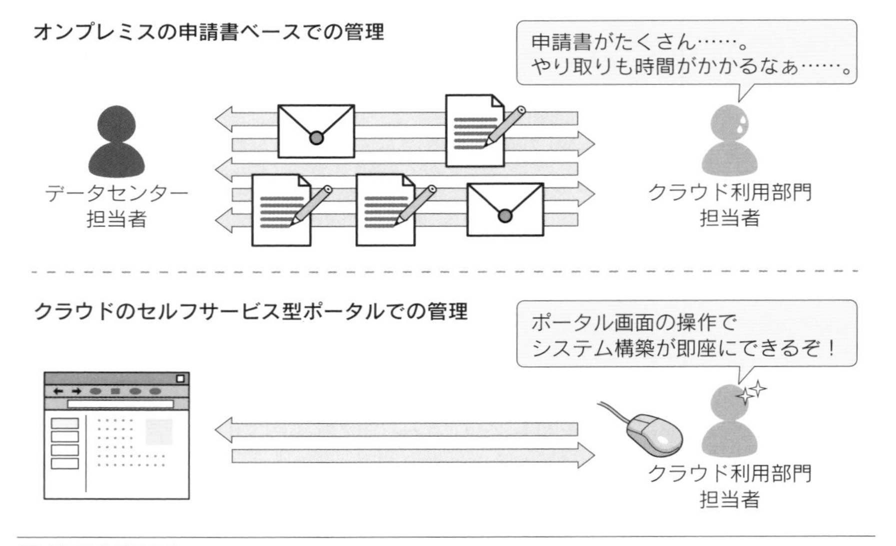

❏ 管理の容易さ

また、ITシステムの繰り返しのセットアップや、障害監視と通知などを自動化するツールも豊富に用意されています。ITシステムの構築・運用には、使用するハードウェアやソフトウェアのコストに加えて、それらを組み合わせて構築し、維持管理するITエンジニアの作業コストも無視できません。クラウドが提供する管理ツールにより、ITエンジニアの人的コストは大幅に省力化できます。

重要ポイント

- 管理の容易さ (Manageability) とは、ITシステムを効率的かつ効果的に構築・管理できること。

Column

機敏性

管理の容易さは、人的コストの削減だけでなく、ITシステムの構築期間を大幅に短縮する場合もあります。たとえば、クラウドの場合、ポータル画面から仮想マシンを選択して注文するだけで、数分以内にサーバーが使えます。これは、ハードウェアを購入し、自社のデータセンターに搬入して設置するオンプレミスのシステム構築に比べて、大幅なスケジュール短縮になります。このように、ビジネス側の必要に応じて迅速にシステムを提供できる特性を、**機敏性** (Agility) といいます。

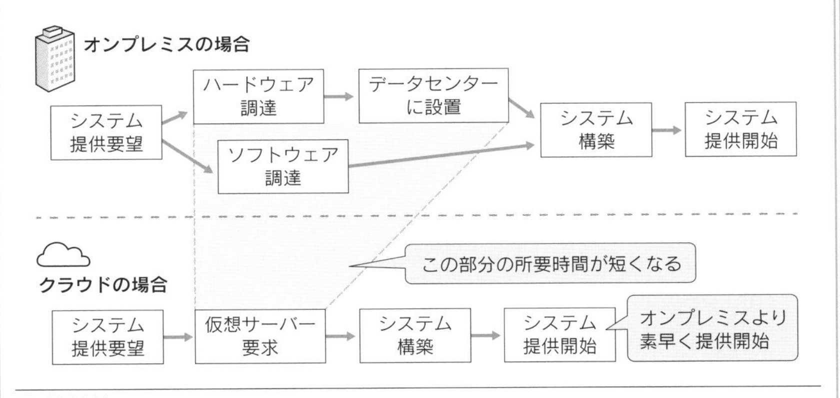

❏ 機敏性

上の図は、システム構築作業に変化はないという前提にしています。しかし、一度作ったITシステムを不要になったら一度削除し、再び必要になったら再構築する場合に、繰り返しのセットアップに役に立つクラウドのツールは、構築作業時間短縮に大きな力を発揮します。クラウドはコスト削減だけでなく、機敏性を向上させ、ビジネスを加速させる可能性を持っています。

2-3
クラウドサービスモデル

クラウドは、3つのサービス種類（IaaS、PaaS、SaaS）と3つのデプロイモデル（パブリッククラウド、プライベートクラウド、ハイブリッドクラウド）から最適なものを選択して利用します。クラウドを利用する際は、それぞれの特徴を理解し、どのサービス種類、どのデプロイモデルであれば自分たちが利用するシステムの用途に一番合っているかを判断する必要があります。

共同責任モデル

共同責任モデル（Shared Responsibility Model）とは、クラウドプロバイダーとクラウド利用者の間の、クラウドを利用する際の役割分担と責任範囲を示したものです。

クラウドでは、マイクロソフトやAWSなどの「クラウドプロバイダー」が提供するコンピューティングリソースを、あなたの所属する会社・団体などの「クラウド利用者」が構成し、ITシステムを共同して提供するという関係性があります。利用するクラウドサービスの種類によって、クラウドプロバイダーとクラウド利用者の間の責任範囲は変わります。

オンプレミスではすべてがシステムを所有する利用者の責任範囲ですが、クラウドではデータセンターやサーバー、ストレージ、ネットワークのハードウェア部分はクラウドプロバイダーが責任を負います。また、いずれのサービス種類を選んでも、データの管理やユーザーIDのアカウント管理はクラウド利用者が責任を負います。このように、クラウドを利用する場合は、クラウドプロバイダーとクラウド利用者は役割を分担した上で責任を共同で負います。

責任範囲の大きさと構成の自由度は切り離せない関係です。クラウドプロバイダー側の責任範囲が大きいほど、クラウド利用者側がシステム管理に要する手間が減ります。そのため、クラウドの利用を検討する場合は、クラウドプロバイダー側の責任範囲が一番大きいSaaSから検討を開始し、次にPaaS、最後にIaaSという順番で検討することをおすすめします。

右に進むほどクラウド利用者の責任範囲は
小さくなるが、構成の自由度は下がる

責任範囲	オンプレミス	IaaS	PaaS	SaaS
データ				
アカウント管理、認証・認可設定				
アプリケーション				
アプリケーションランタイム				
ネットワーク制御設定				
オペレーティングシステム設定				
コンピューティング（ハードウェア）				
ネットワーク機器（ハードウェア）				
データセンター				

クラウド利用者責任範囲
クラウドプロバイダー責任範囲

❑ 共同責任モデル

責任の一部をクラウドプロバイダーに委ねられる一方で、クラウドサービスのメニューや管理基準は、クラウドプロバイダー側が示した内容での利用しかできません。法律や業界規制などがあり、その規定がクラウドでは満たされない場合、その領域ではクラウドを採用することができません。その場合は、すべてを自由に構成できるオンプレミスを採用する必要があります。

▶▶▶ 重要ポイント

- クラウドには、クラウドプロバイダーとクラウド利用者が役割と責任を分担して共同管理責任を負う共同責任モデルが適用される。
- クラウドサービスの種類によってクラウドプロバイダーに任せられる部分が増えるが、それだけ構成の自由度が制限される。

クラウドサービスの種類

クラウドで利用できるサービスは、IaaS、PaaS、SaaSの3つのサービス種類に分類できます。この3種類は、それぞれの違いと用途を整理しておくとともに、共同責任モデルを参照して責任範囲の違いを把握することが試験対策としても重要です。

❏ クラウドサービスの種類

種類	説明
IaaS（サービスとしてのインフラストラクチャ）	オペレーティングシステムのレベルまでクラウド利用者が構成・管理ができるため、構成の自由度が一番高い
PaaS（サービスとしてのプラットフォーム）	アプリケーションをデプロイするだけですぐにシステムを使える。カスタムアプリケーションを動かすサービスとしては総コスト面ではIaaSより優位
SaaS（サービスとしてのソフトウェア）	クラウドプロバイダーが提供するアプリケーションをそのまま使えるが、カスタムアプリケーションのデプロイはできない

IaaS（サービスとしてのインフラストラクチャ）

IaaS（Infrastructure as a Service、**サービスとしてのインフラストラクチャ**）とは、アプリケーションを実行するシステムの、オペレーティングシステム（OS）の領域までクラウド利用者が管理・構成できるクラウドサービスの種類です。3種類の中でクラウド利用者が構成できる範囲が最も広いのがIaaSです。Azureのサービスでは、仮想サーバーとして利用できるAzure Virtual Machinesが代表例です。ディスクストレージとして利用できるAzureストレージアカウントや仮想ネットワーク（VNet）もIaaSに含まれる場合があります。

PaaSやSaaSと比べると、OSの設定が行え、アプリケーションを実行させるためのランタイム（実行環境）やミドルウェアを自分でセットアップできる構成の自由度にメリットがあります。

一方、OSの脆弱性などに対して、セキュリティパッチの適用をクラウド利用者が実施する必要があり、3種類の中でシステム管理に要する手間が一番大きい点がデメリットです。

PaaS（サービスとしてのプラットフォーム）

PaaS（Platform as a Service、**サービスとしてのプラットフォーム**）は、クラウド利用者がアプリケーションをデプロイするだけですぐにサービスを使えるクラウドサービスの種類です。Azureのサービスでは、Webアプリケーションをホストする Azure App Serviceや、データベース機能をマネージドサービスとして利用できるAzure SQL DatabaseやAzure Cosmos DBが代表例です。

サービス利用申し込み時に、割り当てるコンピューティング容量や冗長性のレベルなどを価格オプションの中から選択する必要があります。それ以降は、その価格オプションのサービスレベルに従うようにクラウドプロバイダーが管理するため、クラウド利用者は障害に対する復旧作業などの手間から解放されます。そのため、運用コストを含めた総コストの観点では、IaaSよりもコストメリットがあります。

一方、PaaSで提供されているランタイムやミドルウェアなどはメニューの範囲に選択肢が限定されています。たとえば、実行させたいアプリケーションの前提動作環境がPaaSのミドルウェアに対応していない場合、PaaSは採用できません。IaaSにミドルウェアをクラウド利用者がセットアップし、OSとミドルウェアを自分たちで管理する必要があります。

SaaS（サービスとしてのソフトウェア）

SaaS（Software as a Service、**サービスとしてのソフトウェア**）は、クラウドプロバイダーが提供するアプリケーションを利用するサービスの種類です。マイクロソフトが提供しているMicrosoft 365やDynamics 365が代表例です。

SaaSはクラウドプロバイダーが提供するアプリケーションを直接使う方法なので、サーバー側へのプログラムのインストールとセットアップ、アプリケーションのデプロイなどは必要なく、最小限の構成だけで利用できます。一方で、自分たちのカスタムアプリケーションを実行する環境としては利用できません。

SaaSは3種類のクラウドサービスの中では最もクラウド利用者の負担が小さくなります。しかし、どのユーザーにSaaSアプリケーションのどの機能を使わせるかを決めるアカウント管理と認証・認可の制御設定や、SaaSアプリケーションで作成したデータが増えてきた場合の削除運用が必要など、クラウド利用者が管理すべき作業はあります。そのため、すべてクラウドプロバイダー任せにはなりません。

サーバーレスコンピューティング

サーバーレスコンピューティング（Serverless Computing）とは、サーバーの管理を意識することなくコンピューティングリソースを使用できる利用形態です。Azureのサービスでは、Azure FunctionsやAzure Logic Appsがサーバーレスコンピューティングの代表例です。

サーバーレスコンピューティングでは、クラウド利用者がまるでサーバーが存在していないかのようにコンピューティング機能を利用できますが、実際にはサーバーは存在しています。サーバーレスコンピューティングという用語はこのような概念を示す言葉ですが、現時点ではその代表的な実装モデルである**FaaS**（Function as a Service、**サービスとしてのファンクション/関数**）と多くの場面で同じ意味として使われています。アプリケーションをデプロイするだけですぐにサービスを使えるという観点ではPaaSと同様であり、共同責任モデルもPaaSとほぼ同じ役割分担です。

サーバーレスコンピューティングは、通常はイベント駆動型のアーキテクチャが採用されています。イベント（処理要求）が発生したタイミングでアプリケーションが実行され、イベントが終了するとアプリケーションが停止します。アプリケーションが処理要求の待受状態で常に起動しているPaaSとはアーキテクチャや課金体系が異なります。

サーバーレスコンピューティングは、毎時間1回30秒だけのバッチ実行といった、処理要求の実行タイミングに偏りがある場面や、高いスケーラビリティーを要求されるアプリケーションの実行環境として、PaaSよりもメリットが大きいことがあります。

▶▶▶重要ポイント

- クラウドサービスは、IaaS、PaaS、SaaSに大きく分類される。IaaSがクラウド利用者の構成自由度が一番高いが、管理の手間も多い。次いでPaaS、SaaSの順番に構成自由度が下がるが、管理の手間も減る。
- AZ-900試験では、クラウドサービスの種類を指定され、クラウド利用者とクラウドプロバイダーのどちらが作業責任を負うかを問われることが多い。

Column

XaaSとマネージドサービス

ここまで紹介してきたIaaS、PaaS、SaaS、FaaSのように、特定の機能をプロバイダーが利用者に提供し、利用者はそれらの機能を所有せずに使用できるサービス提供形態全般を**XaaS**（ザース）と呼びます。XaaSの「X」の部分は「任意の文字」すなわち「どんな文字でもよい」というワイルドカードの意味であり、「サービスとして提供される」（aaS、as a Service）対象の機能によって頭の文字が変わります。なお、「プロバイダーが管理してくれる」という特徴は、**マネージドサービス**（Managed Service）とも呼ばれます。

XaaSの種類については定義が明確に決まっておらず、それぞれのプロバイダーが独自にネーミングを行った結果、名前の重複なども起こっています。ただし、クラウドサービスを利用する場合、以下の種類のXaaSは覚えておくと会話がスムーズになります。

❏ 覚えておきたいXaaSの種類

分類名	説明
DBaaS (Database as a Service、サービスとしてのデータベース)	PaaSの一種。データベース機能をマネージドサービスとして利用でき、データベースサーバーへのOSパッチ適用などの管理作業はプロバイダーが実施する。DaaSと表記される場合もあるが、Desktop as a Serviceと混同しないよう、注意が必要。 Azure SQL DatabaseやAzure Cosmos DBが、Azureで利用できる代表的なDBaaSのサービス。
DaaS (Desktop as a Service、サービスとしてのデスクトップ)	仮想デスクトップ機能（ノートPCで利用できるようなプログラムの実行やデータの保存ができる環境）が提供され、ユーザーはリモートからログインして利用できる。 Azure Virtual Desktopが、Azureで利用できる代表的なDaaSのサービス。
IDaaS (Identity as a Service、サービスとしての認証)	ユーザーID（アカウント）やグループを作成・管理し、認証（ログインなどの本人確認処理）と認可（どの権限を割り当てるか）を制御するID管理基盤（ディレクトリサービス）機能。マネージドサービスとして、サーバーの構築や管理なしで利用できる。 Azure Active Directory（Azure AD）が、Azureで利用できる代表的なIDaaSのサービス。なお、Azure ADの名称は2023年10月にMicrosoft Entra IDに変更予定。

クラウドのデプロイモデル

クラウドはデプロイモデル（実装方式）によって、パブリッククラウド、プライベートクラウド、ハイブリッドクラウドの3種類に分けられます。ハイブリッドクラウドは、パブリッククラウドとプライベートクラウド（あるいはオンプレミス）を組み合わせたものです。そのため、パブリッククラウドとプライベートクラウドの特徴の違いを理解することが重要です。

❏ パブリッククラウドとプライベートクラウドの特徴の違い

	パブリッククラウド	プライベートクラウド
インフラストラクチャは共用か専用か	共用（マルチテナント）。他のクラウド利用者がいることが前提となる	専用。自社のみ、もしくは自社と共同利用する会社・団体のみに限定される
主となるネットワークアクセス	インターネット経由	プライベートネットワーク経由（インターネットを通らない）
データセンター	クラウドプロバイダーが提供しているものを利用する	自社データセンター、もしくは契約した事業者のデータセンターを利用する
ハードウェア	クラウドプロバイダーが提供しているものを利用する	自社で自由に選定できる

パブリッククラウド

パブリッククラウド（Public Cloud）は、クラウドプロバイダーが管理するデータセンターから提供され、マルチテナントで利用されるクラウドです。クラウドプロバイダーの提供するサービスを、クラウド利用者がセルフ管理ポータルから構成することで、ユーザーがインターネット経由でアクセスできるITシステムを構築できます。クラウド利用者が使用したクラウドサービスはクラウドプロバイダー側で利用状況が計測され、利用実績に基づいて従量課金モデルでクラウド利用者に費用請求されます。

AzureやAWS、GCPはパブリッククラウドの代表例です。通常、実装方式・サービス提供方式の文脈で「クラウド」と表現される場合は、パブリッククラウドのことを意味します。なお、AzureとAWSなど異なるクラウドプロバイダーのクラウドを組み合わせて使うものは、**マルチクラウド**（Multi Cloud）と呼ばれます。

パブリッククラウドのインフラストラクチャは、複数のクラウド利用者が共有する**マルチテナント**モデルでの利用が前提です。ITシステムは論理的に完全に分割し、クラウド利用者間で互いにアクセスできないように構成することで、セキュアに利用できます。

世界中のクラウド利用者のシステム需要を積み重ねることで、クラウドプロバイダーは、クラウド利用者の1社レベルでは実現できないくらい大きな規模のITインフラストラクチャを扱います。このITインフラストラクチャの規模により、ハードウェア調達における価格交渉力の向上や、データセンター設備、ITスタッフなどの効率運用ができます。これは**規模の経済**（Economies of Scale）と呼ばれる特性で、これによりクラウド利用者に対して安価にサービスを提供できます。また、クラウド利用者の突発的なシステム需要があった場合でも、ほぼ無制限に対応できるだけのインフラストラクチャをあらかじめ確保しておくことがパブリッククラウドでは可能です。

パブリッククラウドは、クラウドプロバイダーが提供するデータセンターの場所や、サービスの種類の範囲内に利用が限定されます。そのため、業界規制の縛りや、アプリケーションの稼働前提のシステム条件などによっては、パブリッククラウドを採用できない場合があります。

プライベートクラウド

プライベートクラウド（Private Cloud）は、自社あるいはサードパーティのデータセンターから提供され、自社専用あるいは特定のシステム利用者のみで利用されるクラウドです。オンプレミスのシステムに、パブリッククラウドの考え方や技術をとり入れたものがプライベートクラウドです。

クラウド登場以前のオンプレミスシステムは、システムごとに個別に物理的なインフラストラクチャを構築して利用されることが普通でした。しかし、パブリッククラウドの登場を受けて、システムごとに個別構築・個別運用するのではなく、部門やグループ会社をまたがって利用する共用インフラストラクチャを構築し、自社システムに利用しようとする動きが生まれました。このような、パブリッククラウドの特性をとり入れたオンプレミスの共用インフラストラクチャの実装方式がプライベートクラウドです。

プライベートクラウドは、データセンターやハードウェア構成などを自社で完全にコントロールすることが可能なため、パブリッククラウドが提供するサービスメニューでは満たせない個別要件に対応することも可能です。また、ユーザーのいる自社オフィスと自社データセンター間は完全にプライベートなネットワーク経由でアクセスさせることもできます。

一方、複数事業部や複数グループ会社のシステム需要をまとめても、パブリッククラウドほどは規模の経済が働きません。また、データセンターの新設やハードウェアの調達は自社の責任で行うため、この部分は後ほど紹介する資本的支出（CapEx）となります。そのため、パブリッククラウドの完全な代替策となるものではありません。

ハイブリッドクラウド

ハイブリッドクラウド（Hybrid Cloud）は、パブリッククラウドとプライベートクラウド（あるいはオンプレミスのシステム）を組み合わせて利用されるクラウドです。代表的な組み合わせの例としては、パブリッククラウド側のアプリケーションからオンプレミスに存在するデータを参照・更新できるように構成するものや、オンプレミスのシステムのサーバー台数が足りなくなった際にパブリッククラウド側のサーバーを追加してシステム拡張できるようにするものがあります。

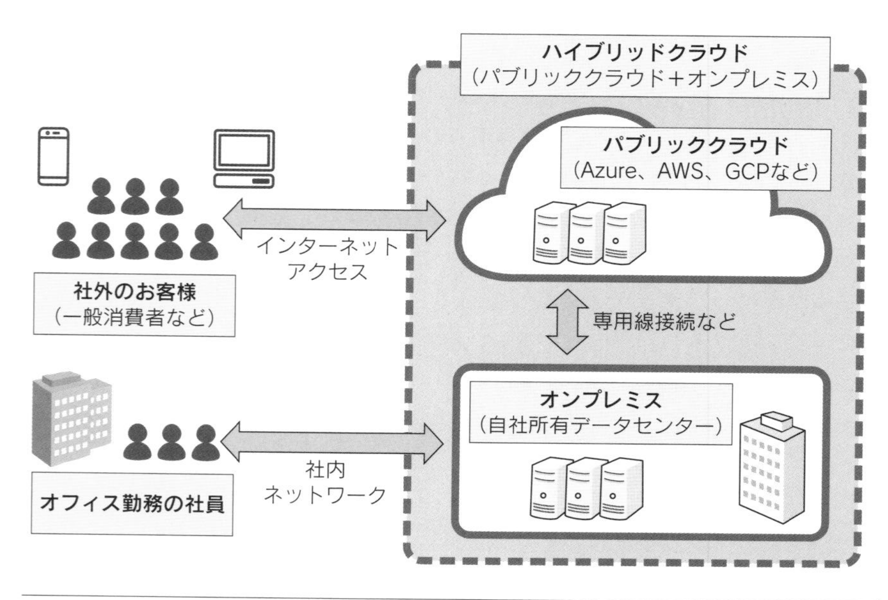

❏ ハイブリッドクラウド

ハイブリッドクラウドは、パブリッククラウドが採用できない制約を回避するために使われます。たとえば、ユーザー数の増減に応じて伸縮可能なアプリケーション実行環境としてパブリッククラウドを使用したいものの、業界規制などでデータをパブリッククラウドには置けない状況があったとします。この場合、アプリケーション実行環境はパブリッククラウド側に置き、パブリッククラウドのデータセンターと自社のデータセンターを専用線でネットワーク接続し、データベースとストレージは自社データセンターに置くことで、パブリッククラウドのメリットを一部とり入れることができます。

また、ハイブリッドクラウドはパブリッククラウドへの移行過渡期に採用されることもあります。オンプレミスで使用している仮想インフラストラクチャを利用したシステムを、いったんはそのままの構成でパブリッククラウドに移行（これは**リフト＆シフト**（Lift & Shift）と呼ばれます）して、十分に実用に耐えうると確認できた後に、オンプレミス側のシステムを停止させる際に、一時的にハイブリッドクラウド構成がとられることがあります。

重要ポイント

- クラウドのデプロイモデルは、パブリッククラウドとプライベートクラウド、およびそれらを組み合わせたハイブリッドクラウドに大別される。
- AZ-900試験では、システム構成例を指定され、どのクラウドデプロイモデルに当てはまるか問われることが多い。

Column

ハイブリッドクラウドとマルチクラウドの統合管理

ハイブリッドクラウドやマルチクラウドを採用し、要件に応じて複数のクラウドを使い分けることはメリットばかりではありません。それぞれの環境にどれだけの数の仮想サーバーがあり、それぞれのセキュリティ基準への準拠度合いがどうなのかを把握して、環境ごとに管理機能を実装し、ガバナンスを徹底することは大きな運用負荷となります。

そのため、パブリッククラウドとオンプレミス、クラウドプロバイダーの違いを問わず、複数の環境を統合的に管理するソリューションが必要となる場合があります。その代表的な製品の１つが、Azure Arcです。

2-4
システム支出モデル

クラウドを使用することで、システムを構築・利用する場合の支出と支払の方式を変更できます。

資本的支出（CapEx）と運用支出（OpEx）

システム投資は、会計の観点から、資本的支出（CapEx）と運用支出（OpEx）の2つに分けられます。

資本的支出（CapEx）

資本的支出（**CapEx**、Capital Expenditure）とは、支出して手に入れた物品や設備などを、会計上は資産として所有し、数年かけて減価償却を行う種類の支出です。自社所有のデータセンターの新設やハードウェアの購入が代表例です。

資本的支出（CapEx）は、最初に支出額が確定し、通常は最初にまとめて支払います。手に入れた資産は、革新的な新製品の登場やビジネス状況の変化などにより、購入時の想定よりも価値が下がるリスクがあります。一方、減価償却期間完了後も、所有していたデータセンターやハードウェアを手元に残すことができます。それらを使い、キャッシュの支払いなしでビジネスを行い、効率的に利益を上げられる場合があります。

運用支出（OpEx）

運用支出（**OpEx**、Operating Expenditure）とは、使用した分だけに対して都度キャッシュ支払いを行い、会計上は資産として所有しない種類の支出です。レンタルサーバーや技術サポート契約など、毎月更新型のサービス利用契約が代表例です。

運用支出（OpEx）は、使用した期間に使用した量に応じたキャッシュの支払いが発生します。サービス契約を終了するとそれ以上は支払いが発生せず、使用するかわからない翌月以降の料金を最初に一括支払いすることも通常はありません。また、会計上、資産として計上することもありません。通常、サービス利用料金を払っている間だけ使えるため、契約期間が終了すると継続して使うことはできません。

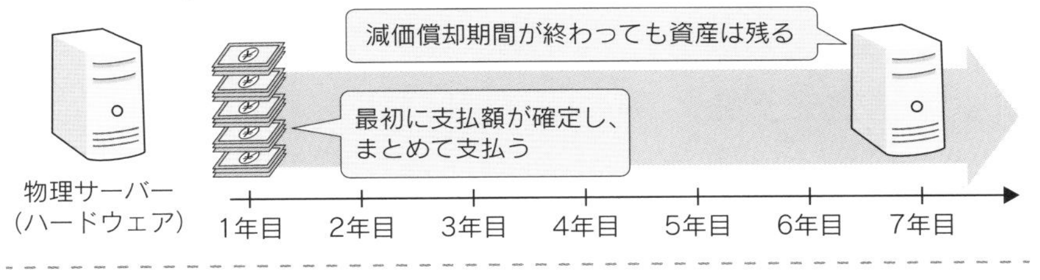

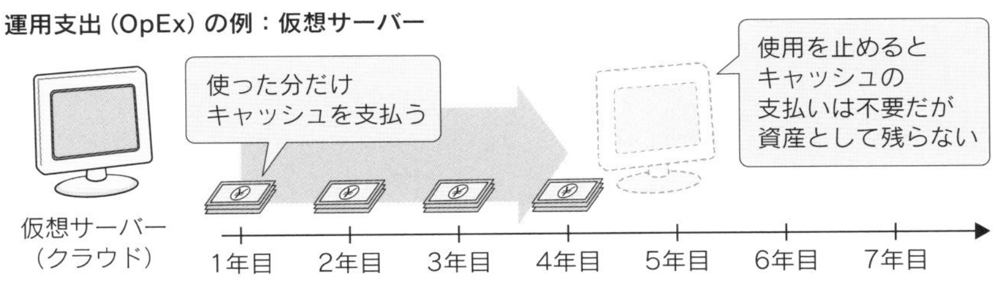

❑ 資本的支出と運用支出

クラウド採用による影響

ITシステムの構築にクラウドを活用することで、資本的支出（CapEx）の割合を減らして、運用支出（OpEx）の割合を増やせます。

これまでのオンプレミスのITシステムへの支出は、初期構築時に支払額が確定する資本的支出（CapEx）が大部分でした。それがクラウドでは、支出の多くは、使った分だけ都度支払いが発生する運用支出（OpEx）になります。

システムの一部にクラウドを使用すると、今後数年にわたって継続して使い続けるかわからないITシステムについて、いつでも契約を終了して停止することができます。そのため、今後も利用し続けるかわからない、先行きが予測できないシステムであっても、安心してシステム投資ができます。

重要ポイント

- システム支出は、資産として保有する資本的支出（CapEx）と、資産として保有しない運用支出（OpEx）に分類できる。
- クラウドを活用することで、システム支出に占める資本的支出（CapEx）の割合を減らし、運用支出（OpEx）の割合を増やせる。

従量課金モデル

従量課金モデル（Pay-As-You-Go model）とは、クラウド利用者が使用した分だけ請求される価格モデルです。それに対して使用状況にかかわらずに一定額を支払う価格モデルは、**固定価格モデル**といいます。

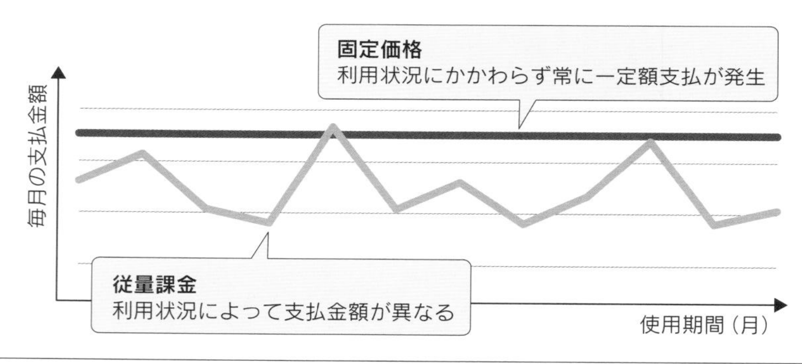

❏ 従量課金と固定価格

従量課金モデルで契約すると、企業側は運用支出（OpEx）として支払ができます。クラウドシステムのほとんどは従量課金モデルを採用しているため、たとえば仮想サーバーを起動していた合計時間に応じて支払請求が発生し、仮想サーバーを削除して使わなくなると、それ以降の支払が発生しません。

従量課金モデルはいつでも止められ、あまり使わなかったときには料金支払いを抑えられるというメリットがあります。しかし、一括購入に比べると相対的にコストが高くなる傾向があります。たとえば、今後3年間決まったスペックの仮想サーバーを使い続けることが確実な場合、その仮想サーバーを一括予約購入するオプションを使用すれば、コストを抑えられる場合があります。

Azureを含む各クラウドサービスは、仮想サーバーなどの継続購入を確約すると割引価格で購入できる予約オプションを提供している場合があります。将来の利用予測に応じて、コストを抑える方法を考えてください。なお、第4章で紹介するAzure Reserved VM Instancesのように、予約購入でコストが最初に確定するものの、前払い以外に分割払いが選べるものは、会計上は資産として計上するとは限らず、運用支出（OpEx）と扱うことができます。

▶▶▶重要ポイント

- 従量課金モデルでは、利用者は使用した分だけを支払うことができる。
- 予約購入オプションを組み合わせると、従量課金よりも安価にクラウドを利用できることがある。
- 予約購入オプションでも一括前払いでなければ、運用支出（OpEx）に分類できる。

Column

クラウドサービスの契約プラン

大部分のクラウドサービスは、個人がクレジットカードを使って契約して利用することができますが、法人契約で利用することもできます。法人契約には、クラウドプロバイダーと直接契約する以外に、ITサービスベンダーと契約して該当するクラウドサービスを利用する方法など、複数の契約プランが存在します。法人の場合は、自社にとってのメリットを比較して最適な契約方法を選択してください。

たとえばAzureの場合、**Enterprise Agreement**と呼ばれる、マイクロソフトと法人契約するプランが存在します。これは、3年間の使用料金が最初に決められた年額払いプランですが、ボリュームディスカウントが効き、後払いの従量課金と比べてAzureのサービスを安価に利用できる可能性があります。

本章のまとめ

- クラウドとは、コンピューティングリソースをインターネット経由で、どこからでも必要なときに利用できるサービス提供モデルである。
- クラウドは、高可用性とスケーラビリティー、信頼性と予測可能性、セキュリティとガバナンス、管理の容易さの観点で、従来型の自社データセンターシステム（オンプレミス）に比べてメリットが大きい。
- クラウドのサービスは、IaaS（サービスとしてのインフラストラクチャ）、PaaS（サービスとしてのプラットフォーム）、SaaS（サービスとしてのソフトウェア）に大別される。サービスの種類によってクラウドプロバイダーとクラウド利用者の責任範囲が異なる。
- クラウドはデプロイモデルによって、パブリッククラウド、プライベートクラウド、その両者を組み合わせたハイブリッドクラウドに分かれる。
- システム投資は資本的支出（CapEx）と運用支出（OpEx）に大別される。クラウドを利用すると、運用支出（OpEx）の割合を増やせる。

章末問題

問題 1

システムを構成するサーバーの1つで故障が発生してサーバーが停止したが、別のサーバーに自動的に切り替わって処理を引き継いだため、業務影響はほとんど発生しなかった。この特徴を説明する最も適切な言葉を1つ選択してください。

A. 高可用性
B. ディザスターリカバリー
C. スケーラビリティー
D. 予測可能性
E. 機敏性

問題2

データセンターに大規模火災が発生して１ヶ月ほど利用ができなくなったが、日次でバックアップを遠隔地のデータセンターに転送していたため、前日時点のデータを使ってシステムを復旧できた。この特徴を説明する最も適切な言葉を１つ選択してください。

A. 弾力性
B. セキュリティ
C. 信頼性
D. 管理の容易さ
E. 機敏性

問題3

１年前から稼働させているWebシステムがある。アクセス数が日々増加しており、ピーク時間帯などはシステム性能が不足し、応答が遅いという苦情が出てきた。その対応策として、Webサーバーの数を２倍に増やす変更をこのシステムはできる。この特徴を説明する最も適切な言葉を１つ選択してください。

A. スケーラビリティー
B. ガバナンス
C. フォールトトレランス
D. 高可用性
E. 地域分散

問題4

リモートワークに対応するために、社内向けシステムをインターネットアクセス可能に変更した。その際にIDaaSと連携させ、正規のユーザーアカウントを使って接続したと確認できた社員だけが該当する社内システム上のデータを利用できるようにした。この特徴を説明する最も適切な言葉を１つ選択してください。

A. ガバナンス
B. 予測可能性
C. 管理の容易さ

D. セキュリティ
E. 弾力性

問題5

IaaS（サービスとしてのインフラストラクチャ）の特徴として、最も当てはまらないものを1つ選択してください。

A. オペレーティングシステムの設定を自由にできる
B. ハードウェアが故障した場合の交換作業の手間から解放される
C. OSのシステムバックアップはクラウドプロバイダーが実施
D. データセンターを所有せずにシステム構築が可能

問題6

PaaS（サービスとしてのプラットフォーム）の特徴として、最も当てはまらないものを1つ選択してください。

A. ミドルウェアを自由に選択できる
B. アプリケーションをデプロイするだけですぐにシステムを使える
C. OSにパッチを適用する手間がかからない
D. 申し込みプランのサービスレベルに基づき自動的にスケールしてくれる

問題7

SaaS（サービスとしてのソフトウェア）の特徴として、最も当てはまらないものを1つ選択してください。

A. 自社のアプリケーションをデプロイして使用することはできない
B. コンピューティング容量不足時の自動スケール設定は不要
C. データやユーザーIDの管理をクラウドプロバイダーに任せられる
D. 使用するハードウェア構成にクラウド利用者は口出しができない

問題8

以下のAzureサービスについて、IaaS、PaaS、SaaS中で最も当てはまるものをそれぞれ選択してください。

A. Azureストレージアカウント：IaaS / PaaS / SaaS
B. Microsoft 365：　IaaS / PaaS / SaaS
C. Azure SQL Database：　IaaS / PaaS / SaaS

問題9

自社データセンターのVMware vSphere仮想マシンを使ったシステムで、OSのシステムバックアップを同じデータセンター内に取得していた。その後、データセンターの被災を想定し、システムバックアップの保存場所だけを自社データセンター内からAzureに変更した。変更後のデプロイモデルとして最も当てはまるものを1つ選択してください。

A. パブリッククラウド
B. プライベートクラウド
C. ハイブリッドクラウド

問題10

パブリッククラウドの特徴として最も当てはまるものを1つ選択してください。

A. 専用ハードウェアを使用できる
B. 専用データセンターを使用できる
C. ほぼ無限に拡張して使用できるインフラストラクチャ
D. すべてのセキュリティ設定を自社で管理できる
E. 自社専用ネットワークからのみのアクセス

問題11

プライベートクラウドの特徴として最も当てはまるものを1つ選択してください。

A. アクセスは主にインターネット経由で行う
B. システム利用者が好みの物理サーバーを設置できない
C. 他のテナントとの共有を前提とする
D. データセンターは自社が所有またはサードパーティと契約が必要
E. 故障したハードウェアの交換はクラウドプロバイダーが実施する

問題12

新しくデータセンターを建設した。データセンターの新規建設は運用支出（OpEx）である。これは正しいでしょうか？

A. 正しい
B. 正しくない

問題13

クラウド型ストレージサービスが提供する1TBのストレージを月額1000円で社員の数だけサブスクリプション契約した。月額支払のサブスクリプション契約は運用支出（OpEx）である。これは正しいでしょうか？

A. 正しい
B. 正しくない

問題14

Azure Reserved VM Instancesを利用し、3年間の予約購入オプションの割引価格でコストを節約しつつ、実際のコストは分割払いにした。このような支出は資本的支出（CapEx）である。これは正しいでしょうか？

A. 正しい
B. 正しくない

問題15

クラウドサービスは従量課金モデルで利用でき、クラウサービスを活用するとITシステム投資におけるCapExを減らし、OpExを増やす。これは正しいでしょうか？

A. 正しい
B. 正しくない。クラウドサービスは固定価格モデルが前提である
C. 正しくない。クラウドサービスはCapExを増やし、OpExを減らす

章末問題の解説

✓解説1

解答：A. 高可用性

サーバーの障害が発生した場合も「システムが継続して使える」のが高可用性の特徴です。

Bのディザスターリカバリーは、大規模障害などがあってもデータが復元可能であることを強調した言葉ですが、ある程度の期間システムが停止することは許容されています。「業務影響はほとんど発生しなかった」というシステム稼働の継続性という特徴を考えると、高可用性に比べて解答として適当ではありません。Cのスケーラビリティーは、コンピューティング容量の変更が容易にできることです。水平スケーリング構成がサーバー障害にも対応する場合がありますが、スケーラビリティー自体はサーバー障害への対応を目的としたものではありません。Dの予測可能性は、ITシステムのパフォーマンスやコストの変化の予測対応を目的としたもので、サーバー障害のような突発的な問題には対応していません。Eの機敏性は、ビジネス要件の変化に迅速に対応する能力であり、これもサーバー障害に対応するものではありません。

「最も適切な」「最も当てはまる」と問われた場合に、複数の選択肢が正解に見えることもあると思いますが、その場合は問題文からキーワードとなる表現を探し出して、そのキーワードにより当てはまる解答を選ぶことが重要です。

✓解説2

解答：C. 信頼性

「大規模災害が発生した場合もシステムを復旧できること」が信頼性の特徴です。ディザスターリカバリーが代わりに選択肢にあった場合、そちらも正解です。

Aの弾力性は、コンピューティング容量を自動的に変化させることであり、大規模障害に対応した特徴ではありません。Bのセキュリティは、ITシステムとデータが保護されることという意味を含んでおり、システムの継続稼働も目的の1つですが、大規模災害への対応という問題文の説明に対しては、信頼性のほうがより適当な言葉です。Dの管理の容易さは、ITシステムを効率的かつ効果的に構築・管理できる特徴であり、大規模災害への対応という意味は含みません。Eの機敏性は、ビジネス要件の変化に迅速に対応する能力であり、こちらも大規模災害に対応するものではありません。

✓ 解説3

解答：A. スケーラビリティー

コンピューティング容量が不足した際に、「サーバー数を増やすなどの拡張が容易にできる」のがスケーラビリティーの特徴です。このようにサーバー数を増やす対応は水平スケーリングと呼ばれます。サーバー台数を変えずにコンピューティング容量の追加あるいは削除を行う垂直スケーリングとあわせて覚えておきましょう。

Bのガバナンスは、業界標準などに準拠しない状態を改善させ、改善後の状態を維持させる特徴です。誤ったサイズのコンピューティング容量を割り当てないためのガードレールのような特徴が強く、この問題文のような変更能力はスケーラビリティーのほうが適当です。Cのフォールトトレランスはサーバー障害時の切り替わり制御を表す言葉で、コンピューティング容量の調整という意味はありません。Eの地域分散はグローバルレベルでサーバーを展開することで、応答速度の改善や信頼性の向上で登場することがありますが、問題文のようにサーバーの数を単純に増やす状況はスケーラビリティーのほうが適当です。

✓ 解説4

解答：D. セキュリティ

「ITシステムとデータが保護され、必要なときに、必要な人やアプリケーションだけが利用できること」がセキュリティの特徴です。問題文のような正規ユーザーだけがアクセスできることは、セキュリティの中の機密性の確保を表した特徴です。なお、IDaaSは「Identity as a Service」の略で、ID管理基盤のマネージドサービスです。

それ以外の選択肢は機密性を確保するためのものではありません。Aのガバナンスは、業界標準などに準拠しない状態を改善させ、改善後の状態を維持させる特徴です。機密性が確保されているかの判定および問題検出には役に立つ場合がありますが、機密性を直接確保するための特徴ではありません。Bの予測可能性は、ITシステムの主にパフォーマンスとコストの変化の予測対応を目的としたものです。この定義では機密性の確保は対象には含みません。Cの管理の容易さは、クラウドシステムの管理を効率化するもので、機密性を確保するためのものではありません。Eの弾力性は、ITシステムのコンピューティングリソースを自動で最適化する能力で、機密性とは関係がありません。

✓ 解説5

解答：C. OSのシステムバックアップはクラウドプロバイダーが実施

IaaSはオペレーティングシステム（OS）の管理責任がクラウド利用者にあるため、OSレベルのバックアップであるシステムバックアップはクラウド利用者が実施する必要があります。それ以外の選択肢はIaaSの特徴です。

✓ 解説6

解答：A. ミドルウェアを自由に選択できる

PaaSでは、ミドルウェアやランタイムの選択肢は絞られているため、メニューにないミドルウェアを自由に選択したい場合はIaaSかオンプレミスのシステムを選択する必要があります。それ以外の選択肢はPaaSの特徴です。

✓解説7

解答：C. データやユーザーIDの管理をクラウドプロバイダーに任せられる

SaaSは、IaaSやPaaSと比べてもクラウド利用者の管理負担が最も少ないサービスの種類ですが、データとユーザーIDの管理はクラウド利用者側の責任範囲です。それ以外の選択肢はSaaSの特徴です。

✓解説8

解答

A.　Azureストレージアカウント：IaaS
B.　Microsoft 365：SaaS
C.　Azure SQL Database：PaaS

AのAzureストレージアカウントは、インフラストラクチャをサービスとして利用できるものですのでIaaSが正解です。IaaSとしては他には仮想サーバーのAzure Virtual Machinesや仮想ネットワーク（VNet）があります。

BのMicrosoft 365はSaaSが正解です。Microsoft 365では、マイクロソフトが提供するMicrosoft OfficeやTeamsなどのアプリケーションが利用できますが、カスタムアプリケーションをデプロイすることはできません。

CのAzure SQL DatabaseはPaaSが正解です。データベースは仮想マシンにSQL Serverを個別に導入して使う方法もありますが、Azure SQL Databaseを使うことでサーバーに対するOSパッチ適用などのメンテナンス作業から解放されます。Azure SQL Databaseのようにデータベース機能をマネージドサービスで利用できるサービスは、DBaaSあるいはDaaS（いずれもDatabase as a Serviceの略称）と呼ばれることもあります。

✓解説9

解答C. ハイブリッドクラウド

自社データセンター（オンプレミス）のシステム（VMware vSphere仮想マシン）と、システムバックアップ保存先にAzure（パブリッククラウド）を組み合わせたデプロイモデルは、ハイブリッドクラウドです。

✓解説10

解答：C. ほぼ無限に拡張して使用できるインフラストラクチャ

マルチテナントで規模の経済が働くパブリッククラウドは、プライベートクラウドを含むオンプレミスと比べると膨大な量のインフラストラクチャをあらかじめ用意できる点に特徴があります。それ以外の選択肢はオンプレミスの代表的な特徴です。これらの要件が必要な場合、パブリッククラウドでは対応が難しいことが多いため、プライベートクラウドを含むオンプレミスのみでシステムを構成するか、ハイブリッドクラウドを検討します。

✓ 解説11

解答：D. データセンターは自社が所有またはサードパーティと契約が必要

プライベートクラウドではデータセンターやインフラストラクチャの管理をクラウドプロバイダー任せにできません。それ以外の選択肢はパブリッククラウドの特徴です。

✓ 解説12

解答：B. 正しくない

新規建設したデータセンターは、資産として貸借対照表（バランスシート）に計上され、今後数年間は減価償却対象となります。このような支出は資本的支出（CapEx）です。

✓ 解説13

解答：A. 正しい

使った期間や使った量だけ都度支払いを行う従量課金モデルであり、貸借対照表に資産として計上されない支出は運用支出（OpEx）です。

✓ 解説14

解答：B. 正しくない

パブリッククラウドを使用したシステムは、通常は使用実績に基づいて都度費用を支払う運用支出（OpEx）です。予約オプションを使用した場合は、途中で使用をやめてもコストが発生し続けますが、問題文のAzure Reserved VM Instancesの場合は月額分割払いが可能で、購入した仮想サーバーを資産として計上する必要がないため、運用支出（OpEx）になります。

✓ 解説15

解答：A. 正しい

正しい説明です。クラウドサービスは通常は従量課金モデルで、使った分だけ支払うため、オンプレミスシステムだけの場合と比べるとCapExが減り、OpExが増えます。これにより、IT投資やビジネス上の意思決定の柔軟性が向上します。

なお、従量課金モデル以外に法人契約（Azureの場合はEnterprise Agreementなど）で3年分の使用料金を確約する代わりにボリュームディスカウントを受ける方法もあるので、すべて従量課金が前提となるわけではありません。

第3章
Azureのアーキテクチャ

第3章では、Azureの基本的な構造を示すアーキテクチャを解説します。Azureでは契約したサービスを「リソース」という単位で管理します。Azureというクラウドサービスの位置付けやリソースの効率的な管理方法を知ることは、第4章以降のサービスを実際に利用・管理する際に必須の知識です。

3-1

Azureサービスツアー

前章ではクラウドの基本的な概念を学びました。これ以降の章では、いよいよAzureのサービスを1つ1つ詳しく見ていきます。まずはその準備運動として、Azureのクラウド市場における位置付けと、Azureの基本的なアクセス方法を見ていきます。

Microsoft Azure

Microsoft Azure（マイクロソフトアジュール）は、マイクロソフトが提供するパブリッククラウドサービスです。2023年8月現在、コンピューティングやデータベース、AIと機械学習など21のカテゴリーで200以上のサービスを提供しています（プレビュー版含む）。また、2023年8月現在、世界中の200箇所以上のデータセンターでサービスを提供しています。

Azureは2010年に、当初は「Windows Azure Platform」という名前で、コンピューティング、ストレージ、データベースなどからなるクラウドサービスプラットフォームとして提供が始まりました。2014年に、現在の「Microsoft Azure」という名前にブランドを変更しています。

Azureは、従来からエンタープライズのITシステムで使われてきたWindows ServerやActive Directoryなどの製品群と高い親和性を持つクラウドサービスです。また、Windows環境だけのクラウドサービスではありません。Apache HadoopやKubernetesなど、人気の高いOSS（オープンソースソフトウェア）製品を数多くマネージドサービスとしてサポートしています。GitHubやVisual Studio Codeなど、Web開発者に人気の開発ツールとも高い連携能力があります。さらに、ChatGPTで有名なOpenAIのAIモデルが展開された唯一のパブリッククラウドサービスであり、技術的な先進性に対しても注目を集めています。

データセンターの展開力の観点では、2014年2月の日本向けデータセンターの提供開始時点から、東日本（埼玉）と西日本（大阪）の2箇所が利用可能であったなど、データセンターの選択肢の広さと歴史の長さは、他社のクラウドサービスを上回ります。

シナジーリサーチグループが発表した「クラウドインフラサービス市場トレンド[†1]」では、Azureを含むマイクロソフトの市場シェアは2023年第1四半期時点で23%と、全体の2位に位置付けられます。1位のAmazonがこの数年間は32〜34%とシェアがほぼ横ばいなのに対して、マイクロソフトのシェアは急増しており、クラウドインフラサービス市場全体の成長率をさらに上回る成長を見せています。

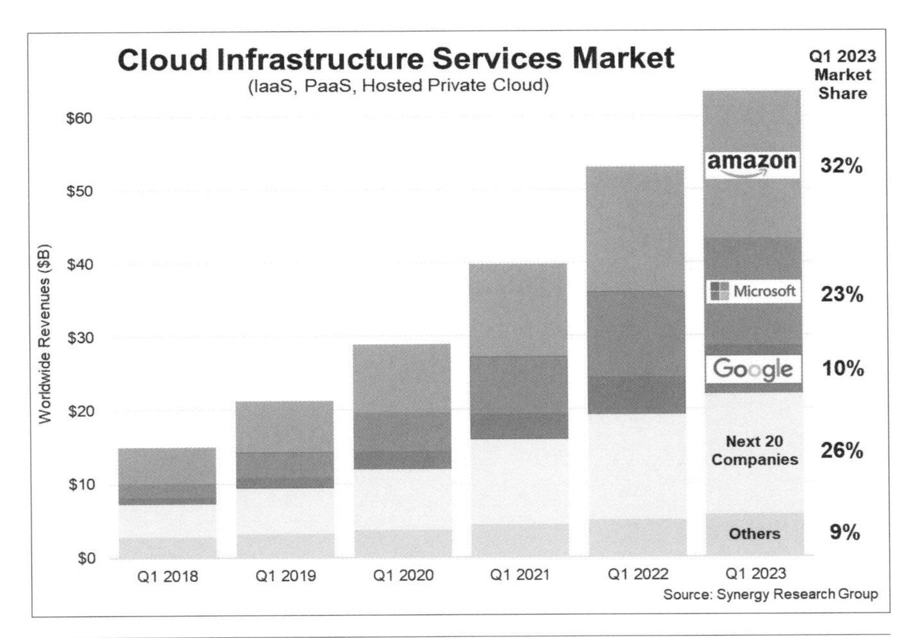

❏ クラウドインフラサービス市場(出典:シナジーリサーチグループ)

クラウドインフラサービス市場が成長し続けていること、その中でもAzureの市場シェアがさらに高まっていることを考えると、Azureを使用したクラウドシステムの構築・運用の機会は今後も継続的に増えていき、Azureに関するスキルを持った技術者の需要はさらに高まっていくことが予想されます。

†1 IaaS、PaaS、ホステッドプライベートクラウドが対象。https://www.srgresearch.com/articles/q1-cloud-spending-grows-by-over-10-billion-from-2022-the-big-three-account-for-65-of-the-total

Azureアカウント

Azureの管理操作をするためには、**Azureアカウント**（Azure Account）と呼ばれるユーザーアカウントの作成が必要です。Azureアカウントには、個人がOutlook.comなどで利用している**マイクロソフトアカウント**（Microsoft Account。xxx@outlook.comなど）やGitHubアカウントを使用してセットアップする方法と、企業や団体単位で作成する**組織アカウント**（Organizational Account。初期はxxx@yyy.onmicrosoft.com、カスタムドメインへの変更可能）でセットアップする方法があります。

Azureには、個人のマイクロソフトアカウントやGitHubアカウントを使用し、サインアップから30日間200米ドル分のサービスクレジットの範囲でAzureの大部分の機能を試用できる**Azure無料アカウント**（Azure Free Account）があります。Azure無料アカウントは1人1回限りで、30日間経過するかサービスクレジットを使い切るかのいずれか早いほうまでしか利用できませんが、従量課金サブスクリプションに移行することで、Azureアカウントとして継続利用できます。

Azure無料アカウント終了後も一部のサービスを一定期間は無料で使える枠があったり、マイクロソフトのEラーニングサイトであるMicrosoft Learnのサンドボックス機能を活用できたりするなど、Azureのサービスを無料で実機検証する方法は豊富に存在します。

📖 Azure無料アカウント

URL https://azure.microsoft.com/ja-jp/free/

▶▶▶ 重要ポイント

- Azureの管理にはAzureアカウントの作成が必要である。Azureアカウントは、個人のマイクロソフトアカウントやGitHubアカウントから作成する方法と、組織アカウントで作成する方法がある。
- 個人アカウントで申し込めるAzure無料アカウントを使用すれば30日間期限のサービスクレジットの範囲でAzureの大部分の機能を試用できる。

Azure Portalへのアクセス

Azureアカウントの作成が完了したら、**Azure Portal**（https://portal.azure.com/）というWebのグラフィカルな統合コンソールにアクセスしてみましょう。クラウド利用者はAzure Portal上で、画面に表示されるメニューやアイコンをクリックし、画面の指示に従って操作をすることで、Azure上に自身のシステムをいつでも構築・管理できます。このように、必要なときにセルフサービスでシステムを管理できるのは、クラウドであるAzureの特徴の1つです。

❏ Azure Portalホームビュー

ここではAzure Portalを通じた管理アクセスを紹介しました。Azureは、Azure Portal上での画面操作以外にも、繰り返し作業などに強いコマンド操作でも管理作業が実施できます。管理ツールについては第9章で紹介します。

3-2

Azureアーキテクチャのコアコンポーネント

Azureのサービスを購入し、システムを構築・運用していくためには、Azureのサービス管理を支えるコアコンポーネントを把握する必要があります。

Azureの管理インフラストラクチャ

Azureでは個々のリソースを最小の構成要素として、複数のリソースを組み合わせてシステムを構築・管理します。Azureでは、リソースをまとめて管理する方法として、リソースグループ、サブスクリプション、管理グループという3段階の階層構造が採用されています。これらは無料で作成でき、用途に応じて柔軟に分割できます。それぞれの特徴と使い分けを見ていきましょう。

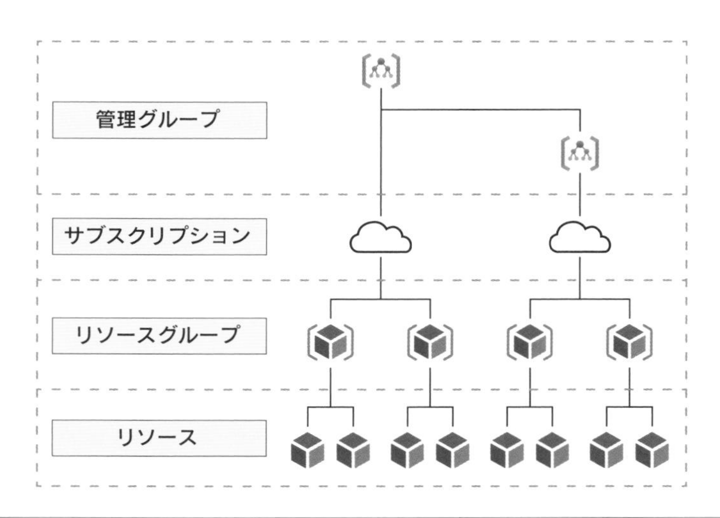

❏ リソースグループ、サブスクリプション、管理グループ

リソース

リソース（Resource）とは、購入したAzureのサービスと1対1の関係にある管理エンティティ（管理対象となるもの）です。Azureでは、サービスを購入してから削除するまでの一連のサービス管理のライフサイクルは、リソースという管理エンティティを対象とします。Azure Portalなどからの操作はリソースを対象とする管理操作で、実際のサーバーマシンにAdministratorのようなサーバーIDでログインして行うサーバー管理操作などとは異なります。

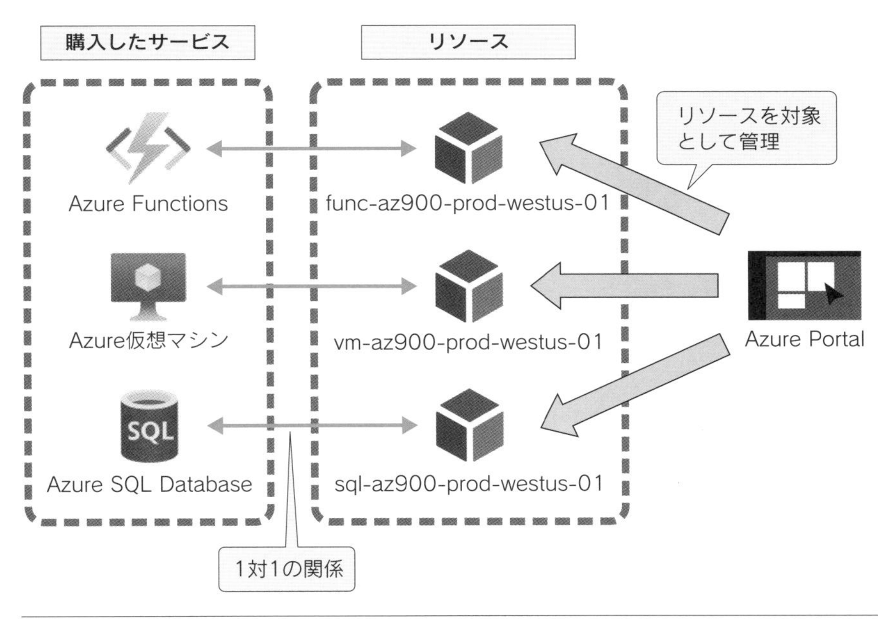

❏ リソース

リソースグループ

リソースグループ（Resource Group）とは、リソースをまとめて管理するための論理的なコンテナー（容器、入れ物）です。リソース作成時にリソースグループの指定が必須であり、Azureではすべてのリソースは必ずどれか1つのリソースグループに所属します。必要なくなったリソースをまとめて削除したり、特定の環境や部門向けのリソースに対するリソース管理権限やポリシーをまとめて付与したりする際、リソースグループを使った運用が効果を発揮します。

リソースグループはシステムの動作に影響を与えるものではなく、自由に分割できます。通常は、「システムごと」「環境ごと(開発/ステージング/本番環境)」といったライフサイクルやリソース管理権限を与える対象者グループごとなど、分類しやすい範囲で分割します。リソースは後から別のリソースグループに移動できるため、運用しながらリソースグループを分割するという方法もとれます。

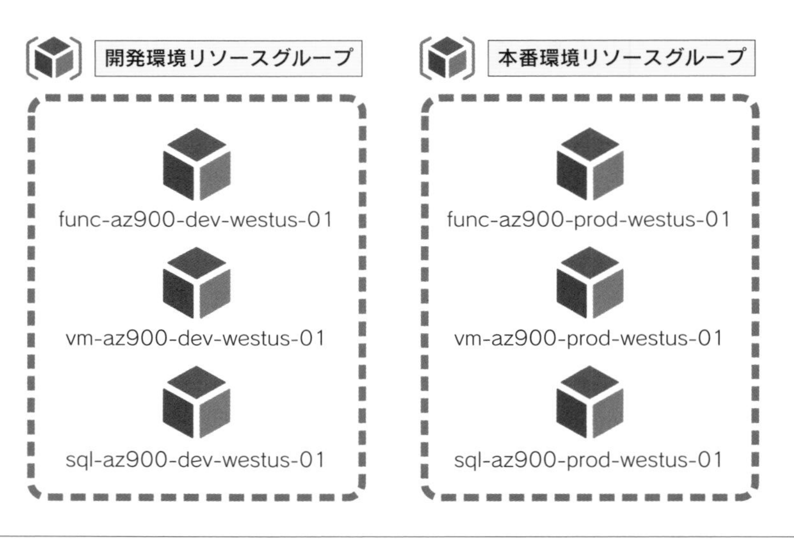

❏ リソースグループ

サブスクリプション

サブスクリプション(Subscription)は、リソースグループの上位に位置付けられる論理的なコンテナー(容器、入れ物)です。また、Azureの請求書はサブスクリプション単位で発行される点が大きな特徴です。リソース作成時にサブスクリプションの指定が必須であり、Azureではすべてのリソースグループは必ずどれか1つのサブスクリプションに所属します。

さらに、Azureで認証・認可機能を担うAzure Active Directory(Microsoft Entra ID)のテナント(ディレクトリー)は、サブスクリプションと1対1で信頼関係が構築されています。Azureアカウントを作成すると同時にサブスクリプションも1つ作成されます。このように、サブスクリプションはAzureのリソース管理において特に重要な役割を担っています。

Column

リソース

この章で登場する「リソース」という用語は、サービスを購入して利用するクラウド特有といえる概念です。ITシステム構築に慣れていない初学者の方はもちろんですが、オンプレミスの物理サーバーを中心に実務を積んできた経験者の方にとっても馴染みのない概念のため、理解するまで苦労する内容の1つです。

仮想マシンサービスを例にとると、リソースの作成とはサービスを購入すること（＝クラウド上で仮想マシンを新規作成すること）であり、リソースの削除は購入したサービスの利用終了（＝クラウド上の仮想マシンを削除すること）です。購入した仮想マシンを上位スペックのモデルに変更すること（スケールアップ）はリソースの変更操作の一例で、OSパッチを適用したり、不要ファイルを削除したりするなど、対象のサーバーにログインして行うような変更作業とは違います。仮想マシンの起動・停止のように同じ操作ができる部分も一部ありますが、従来から存在するサーバーマシンレベルの操作とは異なる話であり、実際のマシンやその物理的な配置とは異なる概念であると意識することが重要です。

このリソースという言葉の理解が初学者にとって難しい別の理由は、ITシステムが利用するCPUやメモリー、ディスクといったコンピューティング資源のことも、同じように「リソース」と表現されているためです。そのため、「リソース」という言葉を目にした場合、「購入したサービスの管理エンティティ」なのか「コンピューティング資源」なのかは文脈から判断する必要があります。本書では、コンピューティング資源のほうはできるだけ「コンピューティングリソース」や「サーバーリソース」のようにわかりやすく書くようにしています。ただし、実務的には両方とも同じように「リソース」と表現されることが大半ですので、文脈からどちらの話か区別できることを目指してください。

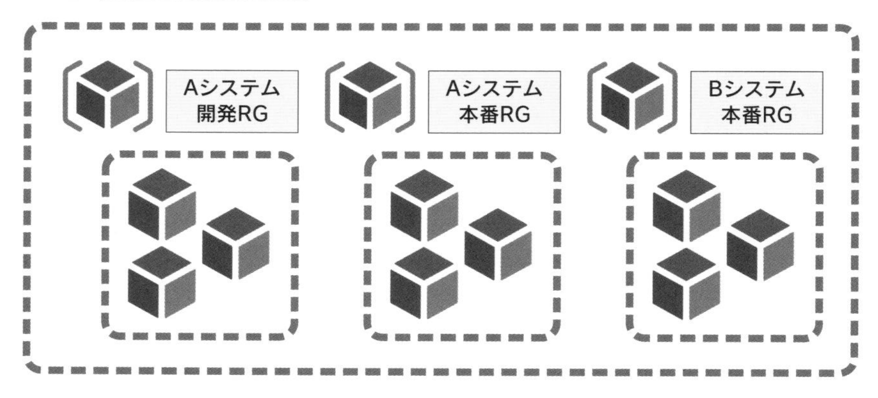

❏ サブスクリプション

管理グループ

管理グループ（Management Groups）は、サブスクリプションの上位に位置付けられる論理的なコンテナー（容器、入れ物）です。リソース管理権限やポリシーを、配下のサブスクリプションにまとめて適用するために使われます。

リソースグループやサブスクリプションと大きく異なるのは、管理グループの作成は必須ではない点と、管理グループを別の管理グループに含めるという管理グループ内での階層構造（入れ子構造）がとれる点です。

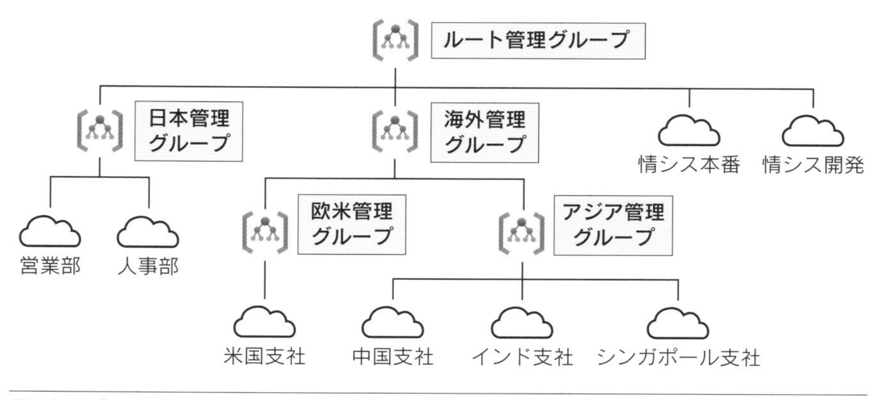

❏ 管理グループ

重要ポイント

- Azureは、購入したサービスをリソースという管理エンティティで管理する。
- リソースは、リソースグループ、サブスクリプション、管理グループで階層管理でき、ポリシーやアクセス制御をまとめて適用できる。
- サブスクリプションは、Azureの最初のセットアップ時に必ず1つ作成される。サブスクリプションを分割することで請求書を分割できる。
- リソースグループ、サブスクリプション、管理グループの違いをまとめると以下のようになる。

	リソースグループ	サブスクリプション	管理グループ
管理する対象は何か	リソース	リソースグループ	サブスクリプション
リソース作成時に必須か	必須である	必須である	必須ではない
入れ子構造がとれるか	とれない（1階層）	とれない（1階層）	とれる（1～6階層）
請求書の分割単位になるか	ならない	なる（分けると請求書も分かれる）	ならない

Azureの物理インフラストラクチャ

クラウドサービスを利用することで、グローバルに地域分散されたITシステムを提供することができます。地域分散をするメリットは、データセンター障害や広域被災が発生しても継続してサービスを提供できる場合があることと、ユーザーの住む地域の近くにITシステムを配置でき、通信速度の地理的な影響を軽減できることです。この物理的なインフラストラクチャを小さい単位から順に並べると、「可用性ゾーン」「リージョン」「地域（Geo）」が存在します。

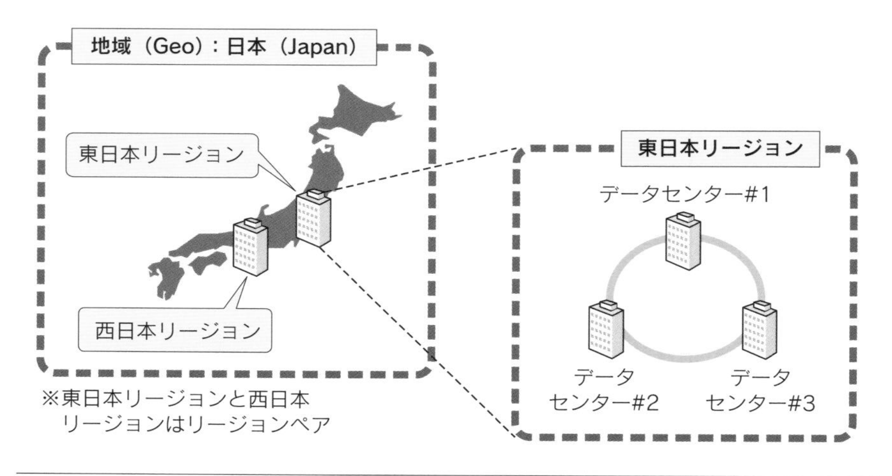

❑ 地域、リージョン、可用性ゾーン

可用性ゾーン

可用性ゾーン（Availability Zones）とは、独立したデータセンター、ネットワーク、電源、冷却装置などを備えた高可用性確保のためのサービスです。「**AZ**」と省略して呼ばれることも多く、独立したデータセンターと同じ意味で使われることがほとんどです。可用性ゾーンを活用することで、データセンターレベルの障害が発生した場合でもシステムを継続的にサービス提供できます。リージョン内の可用性ゾーンを構成するデータセンター間は高速回線で接続されています。

システムの高可用性構成をとる場合、同じマシンの中のコンポーネント単位で冗長構成をとる方法や、ラック単位でマシンを分散配置して冗長構成をとる方法（**可用性セット**）がありますが、これらのオプションは1つのデータセンター内での高可用性構成にすぎず、データセンターレベルの障害が発生した場合にサービスの継続提供性が保証されません。可用性ゾーンを利用して、複数データセンターにマシンを分散配置することで、データセンターレベルの障害にも対応できます。

Azureのサービスの中には、マシンをどこの可用性ゾーンに配置するかを意識する必要があるものと、最初から可用性ゾーンの冗長化機能が組み込まれていて、データを複数データセンターにまたがって自動保存してくれるものがあります。

リージョン

リージョン（Region）は、1つ以上の可用性ゾーンから構成されているAzureサービスの展開地域です。日本では、埼玉県にある東日本リージョンと、大阪府にある西日本リージョンの2箇所でサービス展開されています。東日本リージョンは3つの可用性ゾーンから構成されており、西日本リージョンは1つの可用性ゾーンから構成されています。

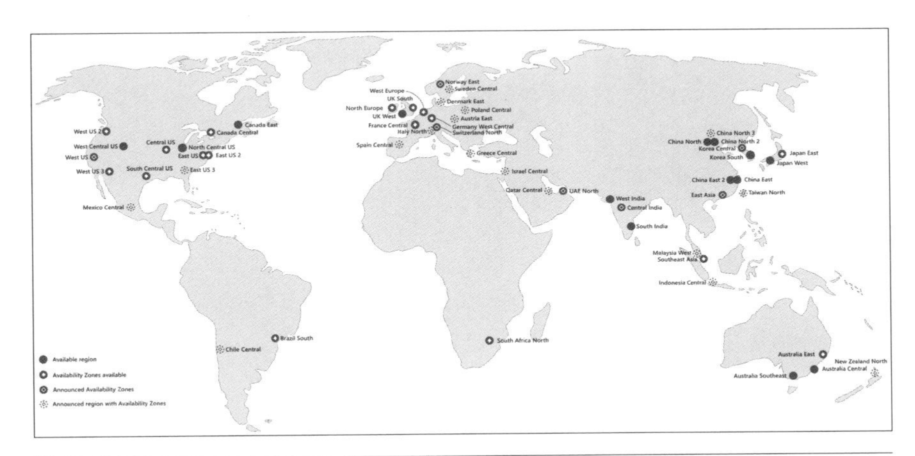

❑ Azureリージョン[†2]

ほとんどのAzureサービスを購入する際、利用者はリージョンを指定してからサービスを購入します。リージョンごとに提供されているサービスの種類や価格が異なり、米国のリージョンでは提供開始されていても、日本の東日本リージョンではまだ使えないサービスが存在する可能性があります。

可用性ゾーンを意識してシステムを構成しても、リージョンレベルの障害が起きた場合はシステムの継続利用ができません。複数リージョンにまたがってAzureサービスを冗長配置し、データレプリケーションを行えば、リージョンレベルの障害にも対応できます。

†2　現在はリージョンの数がさらに増えています。
https://azure.microsoft.com/ja-jp/global-infrastructure/geographies/

リージョンペア

リージョンペア(Region Pairs)とは、Azureが指定する複数リージョン構成をとる際に最適な組み合わせです。日本では、東日本リージョンと西日本リージョンがリージョンペアに指定されています。

リージョンペアになっているリージョン間は約500km(300マイル)の距離が離れており、ほとんどの広域災害に対応できる地理的分散がされています。また、Azureではクラウドプロバイダーが定期メンテナンスを行いますが、リージョンペアになっているリージョンは同じ時間帯でのメンテナンスをできるだけしないように特別な配慮がされています。そのため定期メンテナンスで特定のリージョンのAzureサービスが使えない場合も、リージョンペアになっているリージョンを使えばシステムを継続提供できる場合があります。

ソブリンリージョン

リージョンの中には、**ソブリンリージョン**(Sovereign Regions)と呼ばれる、通常のAzureリージョンからは物理的に分離された特別なリージョンが存在します。

- 米国には、**Azure Government**と呼ばれる米国政府と米国政府向けにシステムを提供する会社のみが審査を経て利用できる物理的および論理的に分離されたリージョンがあります。
- 中国リージョン(中国東部、中国北部など)は、21Vianetがマイクロソフトの代わりにデータセンターの管理を行っています。

地域(Geo)

地域(Geo、Geography)は、地理的・市場的にまとまった区域です。リージョンは必ずいずれかの地域(Geo)に含まれます。Azureはグローバルにデータセンターを展開していますが、国によって準拠すべき法律や規制が異なるため、どの地域のリージョンを使用するかを検討してください。

▶▶▶重要ポイント

- Azureはグローバル分散されたシステムを構築できる。特にデータセンターレベルの可用性ゾーン、1つ以上の可用性ゾーンからなるリージョンの違いを理解することが重要である。
- リージョンの中には、米国政府とその関係者のみが使用できるAzure Governmentなど、マイクロソフト以外の会社が管理する特別なリージョン（ソブリンリージョン）が存在する。

本章のまとめ

- Azureの管理にはAzureアカウントの作成が必要である。Azureアカウントは、個人のマイクロソフトアカウントやGitHubアカウントから作成する方法と、組織アカウントで作成する方法がある。
- 個人アカウントで申し込めるAzure無料アカウントを使用すれば30日間期限のサービスクレジットの範囲でAzureの大部分の機能を試用できる。
- Azureで購入したサービスは、リソースという管理エンティティとして管理される。
- リソースはリソースグループ、サブスクリプション、管理グループという3階層の論理的なコンテナーを使用して管理できる。この3種類の違いを整理して理解することが重要である。
- Azureはリソースをグローバルに地域分散させることができる。リソースの配置場所として、可用性ゾーン、リージョン、地域（Geo）を意識して配置することで広域被災などにも対応できる。
- リージョンの中には、他のAzureリージョンとは物理的に隔離された特別なリージョン（ソブリンリージョン）が存在する。

章末問題

問題1

Azureアカウントは、組織アカウントの作成が前提であり、個人が使っているマイクロソフトアカウントではセットアップができない。これは正しいでしょうか？

A. 正しい
B. 正しくない

問題2

Azure無料アカウントを使えば、サインアップから365日間、サービスクレジットの範囲でAzureの大部分の機能を試用できる。これは正しいでしょうか？

A. 正しい
B. 正しくない

問題3

Azureアカウントを作成すると、サブスクリプションも自動的に1つ作成される。これは正しいでしょうか？

A. 正しい
B. 正しくない

問題4

リソースグループの説明として、最も当てはまらないものを1つ選択してください。

A. 異なるリソースグループに所属するサーバーは相互に通信ができない
B. リソースは必ずどこか1つのリソースグループに所属する
C. リソースは後から別のリソースグループに移動できる
D. リソースグループを削除すると、中のリソースも一緒に削除される

問題5

サブスクリプションの説明として、最も当てはまらないものを1つ選択してください。

A. 複数のリソースグループを管理できる
B. サブスクリプションを分割すれば請求書を分けられる
C. Azure Active Directory（Microsoft Entra ID）のテナントと1対1の関係である
D. サブスクリプションはサブスクリプションを配下に含めて入れ子構造で管理ができる

問題6

管理グループの説明として、最も当てはまらないものを1つ選択してください。

A. 複数のサブスクリプションを管理できる
B. サブスクリプションは管理グループに所属する必要がある
C. 管理グループの中に管理グループを入れ子構造で管理できる
D. 管理グループにポリシーを適用することで配下のリソースにまとめてポリシーを適用できる

問題7

Azureのリージョンの説明として、最も当てはまらないものを1つ選択してください。

A. Japanは1つのリージョンで、東日本と西日本の2つの可用性ゾーンを持つ
B. 複数のデータセンターを持たないリージョンが存在する
C. リージョンペアではできるだけ同時間帯にメンテナンスを行わない配慮がされている
D. リージョンごとに使用可能なAzureのサービスが異なる場合がある

問題8

Azure Governmentの説明として、最も適当なものを1つ選択してください。

A. マイクロソフトではなく21Vianetがデータセンターを管理している
B. Azureインフラストラクチャのコンプライアンス非遵守を検出できる
C. 各国の政府機関向けのシステムのみに使用できる
D. 他のリージョンとは物理・論理的に隔離されたリージョンである

問題9

Azure中国リージョンは、他のAzureリージョンとは物理的に分離されたリージョンで、マイクロソフト以外のプロバイダーが運営している。これは正しいでしょうか？

A. 正しい
B. 正しくない。中国リージョンは物理的に分離されていない
C. 正しくない。中国リージョンはマイクロソフトが運営している

問題10

Azureの可用性ゾーン構成を利用して対応すべき障害として、最も適当なものを1つ選択してください。

A. アプリケーション障害
B. ハードウェア障害
C. データセンター障害
D. リージョン障害

章末問題の解説

✓解説1

解答：B. 正しくない

組織アカウント（xxx.onmicrosoft.comなど）以外に、個人のマイクロソフトアカウント（outlook.comなど）やGitHubアカウントを使ってAzureアカウントをセットアップすることができます。個人の機能検証レベルであれば、マイクロソフトアカウントから作ったAzureアカウントでも多くのことができます。

✓解説2

解答：B. 正しくない

日数が間違っています。Azure無料アカウントが利用できるのは、サインアップから30日間経過するか、あるいはサービスクレジット200米ドルを使い切るかのいずれか早いほうまでです。

✓解説3

解答：A. 正しい

正しい説明です。Azureアカウントを作成すると、サブスクリプションが1つ自動で作成されます。請求書を分けたい場合などは、同じAzureアカウントで複数のサブスクリプションを追加作成することができます。

✓解説4

解答：A. 異なるリソースグループに所属するサーバーは相互に通信ができない

リソースグループはリソース管理のコンテナーであり、サーバー間の通信を制限するものではありません。通信制限については第6章で紹介します。リソース管理という概念が、サーバーマシンレベルの挙動とは違った世界の話だとイメージを持ちましょう。それ以外の選択肢はリソースグループの正しい説明です。

✓解説5

解答：D. サブスクリプションはサブスクリプションを配下に含めて入れ子構造で管理ができる

自分と同じ管理コンテナーを入れ子構造（親子関係の階層構造）で管理できるのは管理グループだけです。リソースグループとサブスクリプションは入れ子構造にできません。それ以外の選択肢はサブスクリプションの正しい説明です。特に選択肢Bの請求書の分割にかかわる特徴はサブスクリプションの特徴として覚えておいてください。

✓ 解説6

解答：B. サブスクリプションは管理グループに所属する必要がある

管理グループはサブスクリプションの管理コンテナーとして利用できますが、リソースグループやサブスクリプションと異なり、リソース作成時に必須の要素ではなく、管理グループを作成しない場合もあります。それ以外の選択肢は管理グループの正しい説明です。特に選択肢Cの入れ子構造で管理できる特徴は覚えておいてください。

✓ 解説7

解答：A. Japanは1つのリージョンで、東日本と西日本の2つの可用性ゾーンを持つ

「Japanは1つのGeo（地域）で、東日本と西日本の2つのリージョンを持つ」が正しい説明です。それ以外の選択肢は正しい説明です。選択肢Bについては、西日本リージョンのように複数のデータセンターを持たないリージョンが存在します。

✓ 解説8

解答：D. 他のリージョンとは物理・論理的に隔離されたリージョンである

Azure Governmentは米国政府機関と米国政府機関向けの業者のみが使用できる特別なリージョン（ソブリンリージョン）であり、他のリージョンとは物理的・論理的に隔離されています。選択肢Aは中国リージョンの説明です。選択肢Bはガバナンス機能の説明で、Azure Governmentの説明ではありません。名前が似ていますが、しっかり区別しましょう。選択肢Cについては、Azure Governmentは米国政府だけを対象としたものであるため、正しい説明ではありません。

✓ 解説9

解答：A. 正しい

正しい説明です。マイクロソフト以外の企業が管理している物理的に分離されたリージョンである点が、中国リージョンと他のリージョン（日本リージョンなど）で大きく違う点です。

✓ 解説10

解答：C. データセンター障害

可用性ゾーン構成を採用することで、1つのデータセンターで障害があっても別のデータセンターで稼働を継続させられます。選択肢Bはコンポーネント冗長化（可用性セットなど）、選択肢Dは複数リージョン構成で対応します。選択肢Aはインフラストラクチャではなくアプリケーションの改修などが必要です。そのため、選択肢Cが最も適当な解答です。

第4章
コンピューティングサービス

第４章では、Azureのコンピューティングサービスについて説明します。

Azureのコンピューティングサービスにはクラウドベースのアプリケーションを実行するためのオンデマンドサービスが用意されています。リソースはオンデマンドで利用でき、通常は分単位や秒単位で利用できるサービスがあります。使用したリソースに対してのみ使用した分が課金されます。

本章では、Azure Virtual Machines、Azure App Service、Azure Functions、およびその他のコンピューティングサービスを取り上げます。

4-1 Azure Virtual Machines

Azure Virtual Machines（VMもしくは**仮想マシン**）とは、仮想化技術によって物理サーバー上に作成された仮想のコンピュータです。物理コンピュータと同じようにOS（オペレーティングシステム）や、その上で動作するソフトウェアを利用することができます。

ハイパーバイザーと呼ばれるソフトウェアを使用し、複数のOSを同時に稼働させます。仮想マシンは必要なスペック（CPU、メモリー、ストレージタイプなど）やOSを選定してコンピューティングリソースを使用できます。仮想マシンは物理的なハードウェアのメンテナンスは不要ですが、仮想マシン上で動作するソフトウェアの構成、修正プログラムの適用は必要となります。

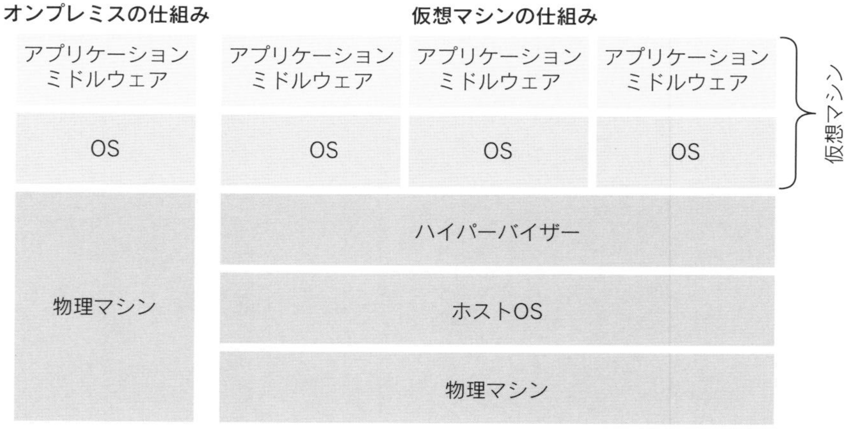

オンプレミスの仕組み
アプリケーション
ミドルウェア
OS
物理マシン

仮想マシンの仕組み
アプリケーション
ミドルウェア
アプリケーション
ミドルウェア
アプリケーション
ミドルウェア
OS
OS
OS
仮想マシン
ハイパーバイザー
ホストOS
物理マシン

❑ オンプレミスと仮想マシンの仕組み

Azure Virtual Machinesの特徴

Azure Virtual Machinesを利用する際に理解しておくべき特徴は次の点です。

- スケールアップとスケールアウト
- 仮想マシンスケールセット（Azure Virtual Machineスケールセット）
- 仮想マシンの課金
- 料金プラン
- Azure DevTest Labs
- 仮想マシンの作成

スケールアップとスケールアウト

スケールアップ（**垂直スケーリング**）とは、1台の仮想マシンの処理性能を向上させることで、具体的にはCPU数やメモリー容量を増やすことです。Azureの場合はVMサイズを上位スペックに変更します。

一方の**スケールアウト**（**水平スケーリング**）とは、サーバーの台数を増やして処理性能を向上させることです。Azureでは仮想マシンスケールセットを利用します。

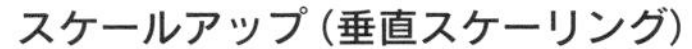

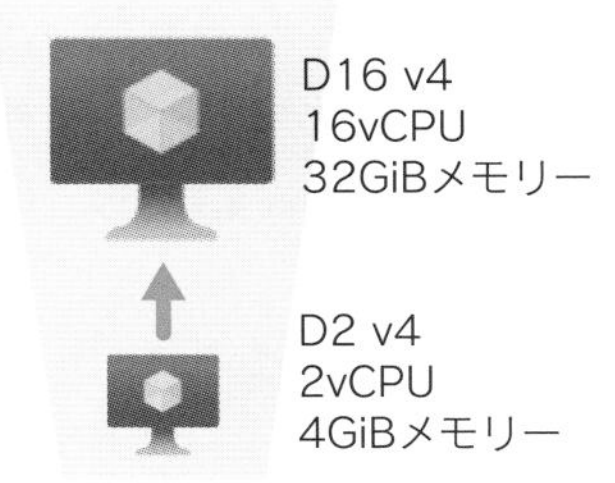

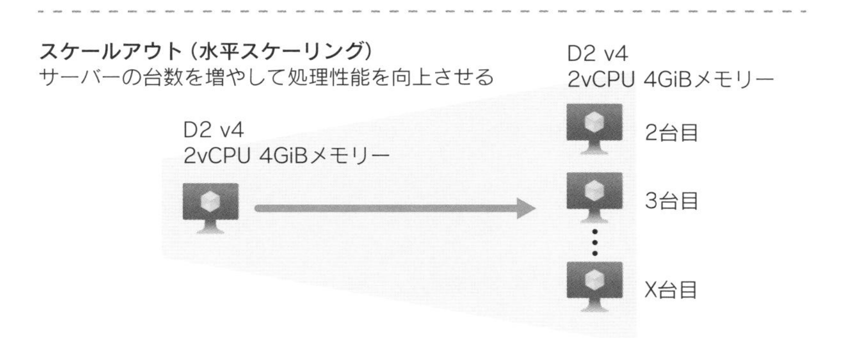

❏ スケールアップとスケールアウト

仮想マシンスケールセット

仮想マシンスケールセット（Azure Virtual Machineスケールセット）は、複数の仮想マシンを1つのグループとして管理し、スケジュールもしくは負荷に応じて仮想マシンを自動で増減させることができます。増やすのがスケールアウト、減らすのがスケールインです。

たとえばアプリケーションの監視を行い、定義したパフォーマンスの閾値に達したら自動で仮想マシンを増やすことや、夜間や休日にアプリケーションの需要が下がる場合は仮想マシンを減らすことができます。

仮想マシンスケールセットでは、最大1,000台まで仮想マシンを増やすことができます。独自のカスタム仮想マシンイメージの場合、上限は600台となります。

仮想マシンの課金

仮想マシンは主に次の3種類の組み合わせで課金されます。

- 仮想マシンの稼働に対しての課金
- ストレージ利用量に対しての課金
- ネットワーク利用量に対しての課金

＊仮想マシンの稼働に対しての課金

仮想マシンの課金の基本的な考え方は、CPUやメモリーなどリソースを割り当てた時間の分だけ課金が発生するということです。課金を停止する場合は、Azure Portalから「割り当て解除済み」状態にすることでCPUとメモリーが解放され、課金されなくなります。WindowsやSQL Serverがすでにインストールされたマシンでは、WindowsやSQL Serverのライセンス料が含まれて課金されます。

重要ポイント

- OS、リージョン、VMサイズによって料金が異なる。
- 利用していない仮想マシンの課金を止める場合は、Azure Portalから「割り当て解除済み」状態にすることでCPUとメモリーが解放され、課金されなくなる。

✱ストレージ利用量に対しての課金

仮想マシンを作成するとOSイメージが保存された仮想ディスク（VHD：Virtual Hard Disk）も同時に作成されます。たとえば、Windows Server 2019の仮想マシンを作成すると127GBのVHD（仮想ハードディスク）が作成されますが、OSのイメージ9GBとユーザーデータの使用量のみが課金されます。

✱ネットワーク利用量に対しての課金

仮想マシンで通信をした際に、以下の2つの種類の通信が発生します。

- **インバウンド通信**：外部からAzure内部への通信
- **アウトバウンド通信**：Azure内部から外部への通信

インバウンド通信については無料となりますが、アウトバウンド通信についてはデータ転送料が発生します。また、同じ可用性ゾーン内でのデータ転送は無料となりますが、可用性ゾーンが異なる場合は転送料が発生します。

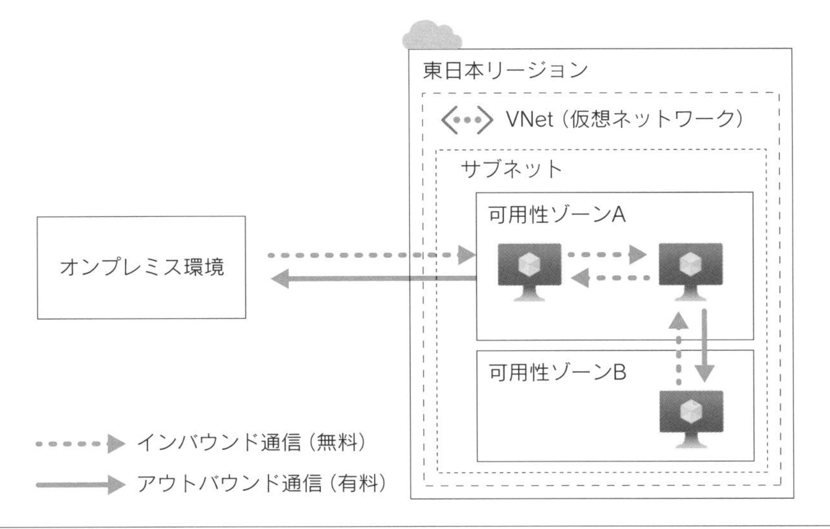

❑ ネットワーク利用量に対しての課金

料金プラン

Azureには以下の料金オプションが用意されています。予算やビジネスニーズに応じて使い分けることができます。

- 従量課金
- スポットVM（Azure Spot Virtual Machines）
- Azureハイブリッド特典（Azure Hybrid Benefit）
- Azure RI（Azure Reserved VM Instances）
- Windows Server 2008のセキュリティ更新の延長
- Azure開発/テスト価格
- 専用ホスト（Azure Dedicated Host）

＊従量課金

必要なときに必要な量だけ支払いするのが従量課金です。長期契約や前払いが不要で、いつでも仮想マシンを起動/停止でき、使用した分だけ支払う料金プランです。割引オプションを使わずに仮想マシンを起動して利用すると、従量課金の単価が適用されます。

＊スポットVM（Azure Spot Virtual Machines）

スポットVM（Azure Spot Virtual Machines）とは、Azureの未使用のリソースを利用し安価で提供される仮想マシンです。Azureでリソースが必要になると、スポットVMが削除されます。そのため、開発・テスト環境などいつシャットダウンされてもよいワークロードに最適です。利用可能なリソースは、サイズ、リージョン、時刻などによって異なります。利用可能なリソースがある場合にAzureによってVMが割り当てられますが、スポットVMにはSLA（サービスレベルアグリーメント、サービス品質保証）がありません。

＊Azureハイブリッド特典（Azure Hybrid Benefit）

ソフトウェアアシュアランス（SA）のある既存のオンプレミスのWindows Server、SQL ServerおよびLinuxのライセンスをAzureで利用することで、仮想マシンの実行コストを大幅に削減できる特典です。

ソフトウェアライセンス	
仮想マシン実行費用	仮想マシン実行費用
従量課金モデル	Azureハイブリッド特典（Azure Hybrid Benefit）

❑ Azureハイブリッド特典（Azure Hybrid Benefit）

✱ Azure RI（Azure Reserved VM Instances）

向こう1年または3年の利用をコミットすることで予約割引によるコスト削減ができます。従量課金制の料金に比べ最大72%の削減ができます。Azure RIの支払いは、前払いまたは月払いになります。前払いも月払いも総コストは同じです。Azure RIによるコスト削減とAzureハイブリッド特典を組み合わせることで、最大80%のコスト削減も可能です。

✱ Windows Server 2008のセキュリティ更新の延長

オンプレミスで利用していたWindows Server 2008、およびSQL Server 2008/2008 R2サーバーをAzureに移行すると、サポート終了以降4年間無料でセキュリティ更新プログラムを利用でき、コストを削減することができます。

✱ Azure開発/テスト価格

Visual Studioのサブスクリプションの所有者限定で開発テスト用の従量課金制プランが用意されていて、Azureの料金を割引で利用できます。

✱ 専用ホスト（Azure Dedicated Host）

Azureに専用の物理サーバーを用意してもらい1つ以上の仮想マシンをホストできるサービスです。専用ホストはAzureのデータセンターで利用されているのと同じ物理サーバーです。ホストレベルで分離され他の顧客と共有されることがないため、物理的なセキュリティやコンプライアンス要件を満たすのに役立ちます。Azureに専用のプライベートクラウドを作成することもできます。課金は仮想マシン単位ではなく、ホストレベルで行われます。

Azure DevTest Labs

Azure DevTest Labsを使用することにより、開発担当者は仮想マシンとPaaSリソースを自己管理できるようになります。事前に構成したARM（Azure Resource Manager）テンプレートから承認なしにAzureリソースが利用できます。今まで構成に時間がかかっていた作業が数分で環境を構築でき、削除も簡単にできるようになります。これで開発担当者はすぐにテスト環境が利用できます。

重要ポイント

- スポットVM（Azure Spot Virtual Machines）は、未使用のリソースを利用し安価で仮想マシンを利用できる。
- Azure DevTest Labsは事前に構成されたARMテンプレートから承認なしにAzureリソースが利用可能。
- Azure DevTest Labsはすぐにテスト環境が構築できる。

仮想マシンの作成

おそらく読者の方が利用しやすいAzureのサービスは仮想マシンのサービスでしょう。Azureで仮想マシンを作成するにあたり基本情報として理解しておくべき事項を示します。

仮想マシンの作成において必要な基本情報は次のとおりです。

1. サブスクリプション
2. リソースグループ
3. 仮想マシン名
4. リージョンの選択
5. 可用性オプション
6. 可用性ゾーン
7. 可用性セット
8. 利用するイメージ
9. Azureスポットインスタンス
10. VMサイズ
11. 管理者アカウント
12. 受信ポートの規則
13. ライセンス
14. ディスク
15. ネットワーク

✱1. サブスクリプション

利用するサブスクリプションを選択します。同一サブスクリプション内のすべてのリソースはまとめて課金されます。

✱2. リソースグループ

アクセス許可やポリシーを共有するリソースグループを選択もしくは新規作成します。リソースグループとは、同じライフサイクル、アクセス許可、およびポリシーを共有するリソースのコレクションです。

❏ 仮想マシンの作成

✱3. 仮想マシン名

Azureの仮想マシンには2つの異なる名前があります。1つはAzureリソース識別子として使用される仮想マシン名で、もう1つはゲストホスト名です。ポータルでVMを作成する場合、仮想マシン名とホスト名の両方で同じ名前が使用されます。仮想マシン名は作成後に変更することはできません。ホスト名は、仮想マシンにログインするときに変更できます。

また、仮想マシンの名前は、現在のリソースグループ内で一意である必要があります。

✱4. リージョンの選択

世界各地にあるリージョンのうち利用者に適したリージョンに仮想マシンを作成できます。作成したリージョンにVHD(仮想ハードディスク)が格納されます。

ホーム > Virtual Machines >
仮想マシンの作成 …
インスタンスの詳細
仮想マシン名 *
hostname
地域 *
(Asia Pacific) 東日本
可用性オプション
可用性ゾーン *
イメージ *
Azure スポット インスタンス
サイズ *
管理者アカウント
ユーザー名 *
パスワード *
パスワードの確認 *
受信ポートの規則
パブリック インターネットからアクセスで
り限定的または細かくネットワーク アクセ
パブリック受信ポート *
(US) 米国西部
(US) 米国中部
(US) 米国中北部
(Africa) 南アフリカ北部
(Asia Pacific) Jio インド西部
(Asia Pacific) インド中部
(Asia Pacific) 韓国中部
(Asia Pacific) 東アジア
(Asia Pacific) 東日本
(Canada) カナダ中部
(Europe) スイス北部
(Europe) ドイツ中西部
(Europe) ノルウェー東部
(Europe) フランス中部
(Middle East) アラブ首長国連邦北部
(South America) ブラジル南部
その他

❏ リージョンの選択

✱5. 可用性オプション

仮想マシンの可用性オプションを利用用途に応じて選択できます。

- **可用性ゾーン**：Azureリージョン内で独立した電源、ネットワーク、ハードウェアなどのリソースを物理的にデータセンターレベルで分離する。
- **仮想マシンスケールセット**：複数のゾーンおよび障害ドメインに対して仮想マシンを大規模に分散する。
- **可用性セット**：複数の障害ドメインに仮想マシンを自動的に分散する。
- **インフラストラクチャの冗長なし**：インフラストラクチャは冗長化されない。

✱6. 可用性ゾーン

仮想マシンを展開する可用性ゾーンをゾーン1からゾーン3の間で指定できます。可用性ゾーンを指定すると、管理ディスクとパブリックIPアドレスが仮想マシンと同じ可用性ゾーンに作成されます。

✱7. 可用性セット

アプリケーションに冗長性を持たせるために、複数の仮想マシンを可用性セットにグループ化できます。この構成により、計画メンテナンスまたは計画外メンテナンスイベントの間に、1つ以上の仮想マシンが使用可能になり、99.95%のサービスレベルアグリーメント（12-2節参照）が満たされます。仮想マシンの可用性セットは、作成後に変更できません。

✱8. 利用するイメージ

WindowsやLinuxの様々なバージョンと種類で使用できるイメージがAzure Marketplaceに多数用意されています。MarketplaceにあるイメージはOS（オペレーティングシステム）、イメージの発行元、料金プランなどから選択して利用できます。また、ソフトウェアやミドルウェアがすでにインストールされているイメージも利用できます。

Azure Marketplaceからイメージを選択するか、独自のカスタマイズされたイメージを使用します。

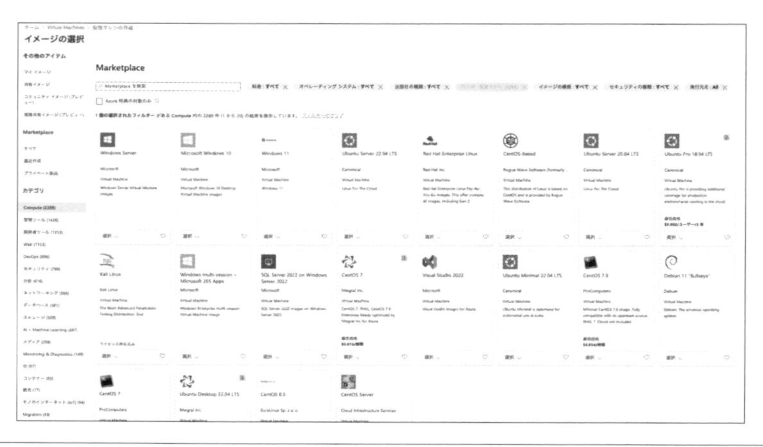

❏ 利用するイメージの選択

✱9. Azureスポットインスタンス

Azureスポットインスタンスを選択すると、従量課金の価格に対する割引価格で未使用のAzureリソースが提供されます。

✱10. VM (仮想マシン) サイズ

Azureでは利用用途に応じて様々なVM(仮想マシン)サイズが利用できます。CPU、メモリー、ストレージ容量などの要素から使用するVMのサイズを選択します。最初に選択したVMを使い続ける必要はなく、処理性能に応じて後からVMサイズを変更可能です。VMサイズおよびOSに基づいて時間単位の料金が請求されます。またストレージは別料金で請求されます。

❏ VMサイズの選択

❏ VMを選択する場合の主な利用用途

VMサイズ	ファミリー	利用用途
Aシリーズ	汎用	テストや開発環境向けエントリレベルのモデル。コストパフォーマンスに優れている
Bシリーズ		小規模なWebサーバー、データベース、開発環境など常時最大限のパフォーマンスが必要ない環境に最適なモデル
Dシリーズ		ほとんどの環境のワークロードに適した汎用的なモデル
Fシリーズ	コンピューティングの最適化	中規模のトラフィックのWebサーバー、アプリケーションサーバーに適したモデル
Eシリーズ Mシリーズ	メモリーの最適化	中規模から大規模のデータベースサーバーやインメモリー分析に適したモデル
Lシリーズ	ストレージの最適化	大規模なデータベースサーバーやビッグデータ、データウェアハウスに適したモデル
Nシリーズ	GPU	グラフィック処理の高い負荷のワークロードを実行するのに適したモデル
Hシリーズ	ハイパフォーマンスコンピューティング	流体力学や気象モデリングなどのアプリケーションを実行するのに適したモデル

✱ 11. 管理者アカウント

仮想マシンの管理者となるユーザー名とパスワードを指定します。以下のようにAzure Portalで作成するユーザー名とパスワードには制約があります。なお、使用するツール（Azure Portal、Azure CLI、Azure PowerShell）によって、パスワードの長さ制限が異なります。

◎ Windowsユーザー名の制約

- ユーザー名に特殊文字「\/""[]:|<>+=;,?*@&」を含めることはできません。また、末尾を「.」にすることもできません。
- ユーザー名には「administrator」や「root」のような予約語は利用できません。

◎ Windowsユーザー名のパスワード制約

- パスワードには、次のうちの3つを含める必要があります：1つの小文字、1つの大文字、1つの数字、および1つの特殊文字。

◎ Linuxユーザー名の制約

- ユーザー名に使用できるのは、アルファベット、数字、ハイフン、アンダースコアのみであり、ハイフンや数字で始めることはできません。
- ユーザー名には「administrator」や「root」のような予約語は利用できません。

◎ Linuxユーザー名のパスワード制約

- パスワードには、次のうちの3つを含める必要があります：1つの小文字、1つの大文字、1つの数字、および1つの特殊文字。

✱12. 受信ポートの規則

パブリックインターネットからアクセスする必要があれば、アクセス可能な仮想マシンネットワークのポートを選択します。規定では、HTTP(80)、HTTPS(443)、SSH(22)、RDP(3389)から複数選択できます。

パブリックインターネットからアクセスする必要がなければ選択不要です。

✱13. ライセンス

すでに所有しているソフトウェアなどのライセンスがあれば、所有しているライセンスを利用してコストを削減することができます。

✱14. ディスク

仮想マシンで利用するOSディスクの種類を選択します。選択できる3種類(Premium SSD、Standard SSD、Standard HDD)のディスクから選択します。データディスクも仮想マシンに追加できます。

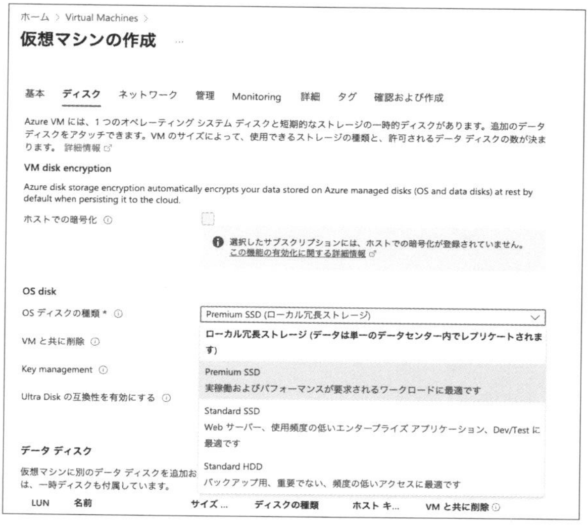

❑ディスク

✱15. ネットワーク

仮想マシンの作成で必須項目の1つとして、仮想ネットワーク（Virtual Network）の作成が必要となります。仮想ネットワーク上に仮想マシンを作成し、Azureの様々なサービスと通信することができます。

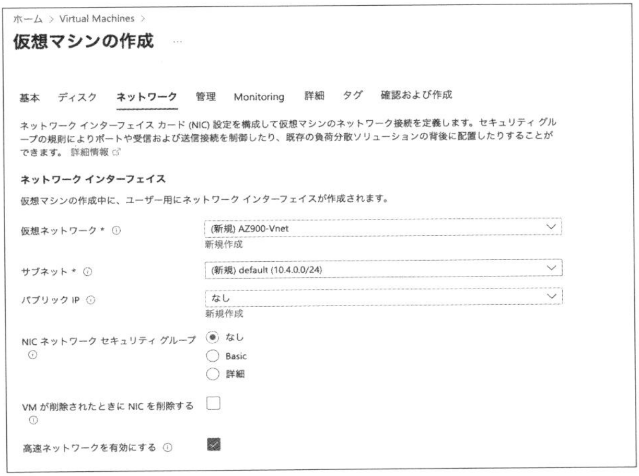

❑ ネットワーク

4-2 Azure App Service

Azure App Serviceは、WebアプリケーションやAPIをホストするためのサービスです。Azure App Serviceは、PaaSなのでインフラ環境の管理をする必要がありません。

Azure App Serviceを利用したWebアプリケーションの例では、フロントエンドにApp Serviceを利用してWebコンテンツを公開できます。

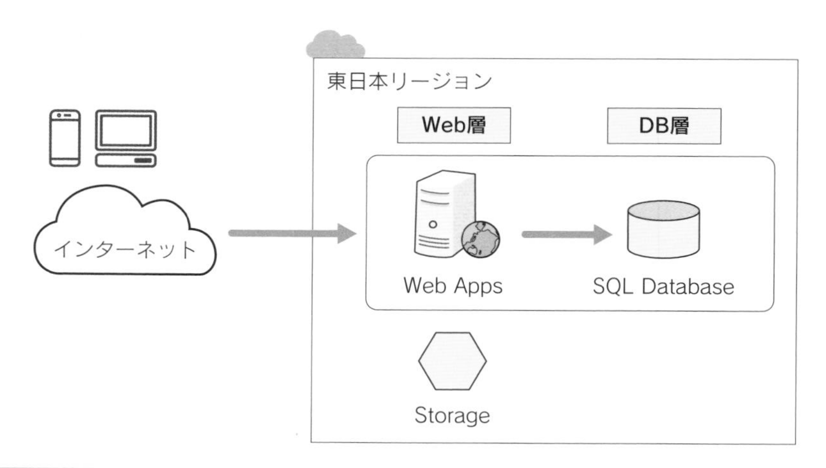

❑ Azure App Serviceを利用したWebアプリケーションの構成例

Azure App Serviceの特徴

Azure App Serviceの特徴は以下のようになります。それぞれを解説していきましょう。

- インフラの管理が不要
- 様々な言語とフレームワークを利用できる
- すべてのリージョンでホスト、スケーリングできる

- 他のSaaSサービス、オンプレミスへの接続
- 別サービスアカウントを利用した認証

インフラの管理が不要

App ServiceはPaaSであり、インフラの管理はAzureが行ってくれます。通常、Webアプリケーションを構築する場合には、サーバーを調達して、その上でアプリケーションが動作する環境を準備し、さらに修正プログラムの適用やセキュリティ対策などを考慮する必要があります。

App Serviceを利用することで、インフラの管理は不要となりアプリケーションの作成のみに専念できます。また、利用するプランによっては自動でアプリケーションのバックアップも実施してくれます。

様々な言語とフレームワークを利用できる

App Serviceは、ASP.NET、ASP.NET Core、Java、Ruby、Node.js、PHP、Pythonの言語とフレームワークをサポートしています。また、スクリプトや実行可能ファイルの実行も可能です。

すべてのリージョンでホスト、スケーリングできる

App Serviceは手動または自動でスケールアップまたはスケールアウトを実行することができ、Azureのすべてのリージョンでアプリをホストできます。

他のSaaSサービス、オンプレミスへの接続

50以上のコネクターが用意され、SAP、Salesforce、Facebookなど他のサービス/システムと連携できます。また、App Serviceからオンプレミスのデータにセキュアに接続できます。

別サービスアカウントを利用した認証

App ServiceはAzure Active Directory（Microsoft Entra ID）や、認証プロバイダーとしてGoogle、Facebook、Twitterユーザーを認証することができます。

4-3 Azure Functions

Azure Functionsは、アプリケーションを実行するためのサーバーレス環境です。サーバーの準備やミドルウェアの実行環境の管理が不要で、ユーザーはソースコードだけ用意すれば、残りの部分はAzure Functionsが実行してくれます。

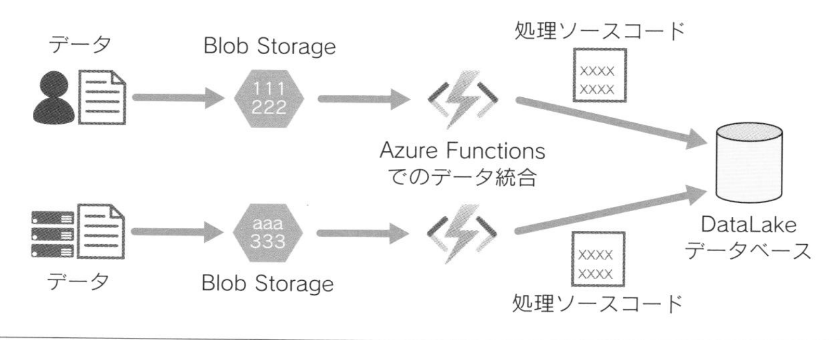

❏ Azure Functionsを利用したデータ統合の例

Azure Functionsの特徴

Azure Functionsの特徴は以下のようになります。

- サーバーの構築および管理が不要
- 需要に応じて自動スケーリング
- 様々な言語を利用できる
- 他のAzureサービスとの連携

サーバーの構築および管理が不要

サーバーレスのアプリケーション実行環境をAzureが提供してくれるため、アプリケーションの実行を維持するOS(オペレーティングシステム)や、実行するためのミドルウェアの環境を準備する必要がありません。ユーザーは最も重要なコードに集中するだけです。Azure FunctionsはFaaS(Function as a Service)の1つです。

Azure Portalから作成する場合、名前を決め、ランタイム、構築する地域、ベースとなるOS、料金プランを選択したら、後はソースコードをアップするだけです。

インスタンスの詳細
関数アプリ名 * 関数アプリ名
.azurewebsites.net
公開 * コード Docker コンテナー
ランタイム スタック * ランタイム スタックを選択してください
バージョン * ランタイム スタックのバージョンを選択してください
地域 * Central US
オペレーティング システム
ランタイム スタックの選択に基づいて、オペレーティング システムが推奨されています。
オペレーティング システム * Linux Windows
プラン
選択したプランによって、アプリのスケーリング方法、有効な機能、および価格の設定方法が決まります。 詳細情報
プランの種類 * 消費量 (サーバーレス)

❑ Azure Functionsの作成画面

需要に応じて自動スケーリング

Azure Functionsは、要求が増大すれば、それに対応するのに必要なコンピューティングリソースを、自動スケーリングで提供してくれます。たとえば、IoTデバイスからのデータ処理をするアプリケーションがあります。どのくらいの数のIoTデバイスからアクセスがあるかの需要予測が困難な場合、突発的にアクセスが増えデータ処理能力が許容を超える可能性があります。需要が変化するデータ処理が必要な場合、Azure Functionsが堅実な選択肢となります。

また、仮想マシンベースのアプリケーションの場合、仮想マシンの実行中はコストが発生してしまいますが、Azure Functionsを使用する場合は、アプリケ

ーションが実行された時間に対してのみ課金されます。

様々な言語を利用できる

Azure Functionsは、C#、Java、JavaScript、PowerShell、Python、TypeScriptなどをサポートしています。

他のAzureサービスとの連携

Azure Functionsは、様々なAzureサービスと連携させることができます。たとえば下記のようなイベントをトリガーとして実行されます。

- Azure Blob Storageにデータがアップロードされたときにコードを実行する
- Azure Cosmos DBドキュメントが作成されたときに関数を実行する
- 設定した時刻にコードを実行する
- IoTデバイスからデータを収集して処理をする
- HTTP要求から関数を実行する

重要ポイント

- Azure Functionsは、サーバーレスのアプリケーション実行環境であるためサーバーの管理が不要。
- ユーザーはソースコードを準備するだけで、Azure Functionsがソースコードを実行してくれる。

4-4

その他のコンピューティングサービス

ここでは、Azureで提供されているその他のコンピューティングサービスをまとめて紹介します。

Azure Container Instances (ACI)

Azure Container Instances（ACI）は、サーバー管理なしでコンテナー環境を実行できる、コンテナーサービスです。ACIを利用すると、仮想マシンを管理しなくてもアプリケーションの実行環境を準備できます。

Azure Kubernetes Service (AKS)

Azure Kubernetes Service（AKS）は、Azure上でKubernetes環境を実行できるマネージドサービスです。Kubernetesとは、コンテナー化したアプリケーションを実行・管理するためのオープンソースのシステムです。

Azureにはコンテナーを実行・管理できる環境としてACIとAKSがあることを理解しておきましょう。

Azure Virtual Desktop (AVD)

Azure Virtual Desktop（AVD）は、Azure上で仮想デスクトップ（VDI）環境を利用できるサービスです。VDI環境を構築するためにはインフラ環境を準備する必要がありますが、AVDではAzureがインフラ環境の管理を行ってくれます。これがAVDの利点です。

また、マルチセッション接続対応のWindows 10とWindows 11 Enterpriseでは、1台の仮想マシンで複数のユーザーに仮想デスクトップを提供し、共同で利用することができるので、コスト削減が見込めます。

Azure Batch

Azure Batchは大規模なバッチジョブを管理、実行してくれるフルマネージドの実行環境です。コンピューティングリソースは、何十台、何百台から何千台もの仮想マシンに拡張できます。

Azure Logic Apps

Azure Logic Appsは、ジョブやワークフローを作成できる、サーバーレスの実行環境です。Logic Appsデザイナーを使えば、コードを1行も書くことなくグラフィカルにワークフローの実行環境を作成できます。ワークフローのテンプレートもあらかじめ豊富に用意されています。

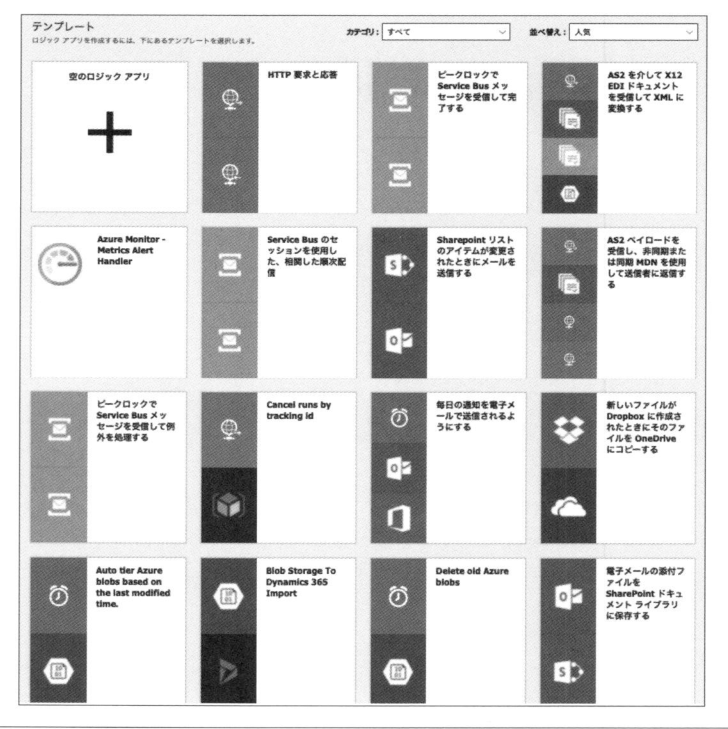

❏ Azure Logic Appsワークフローテンプレート

たとえば、Twitterで特定の文字がツイートされたらメールを送信するなどの操作を、Azure Logic Appsデザイナーを利用して簡単に作成することができます。

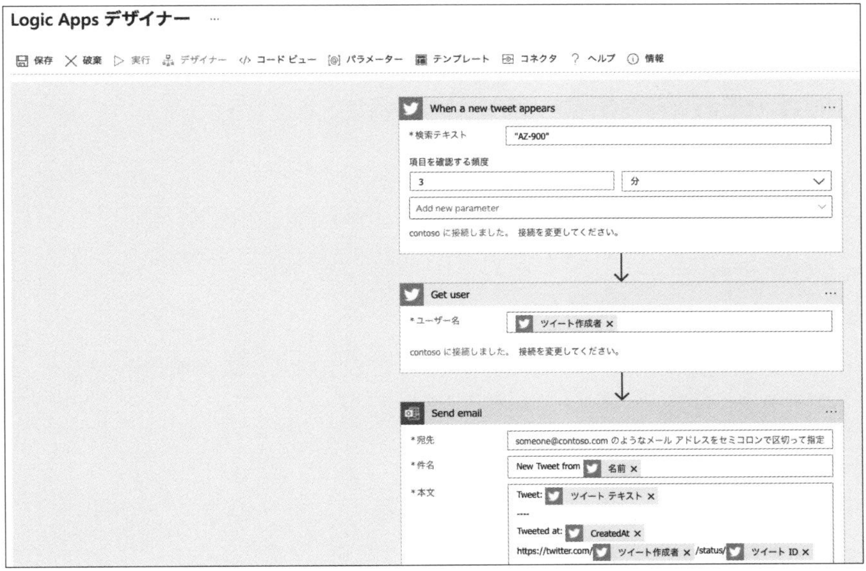

❑ Azure Logic Appsデザイナー

Column

仮想マシン利用時の考慮点

パブリッククラウドで仮想マシンを作成もしくは起動するとき、クラウドプロバイダーのメンテナンスのタイミングや利用ユーザーが多い場合に、利用したいVMサイズが使用できないことがあります。その場合は、利用リージョン、VMサイズ、利用時間帯を変更することで回避できます。

パブリッククラウドは、利用したいときにすぐに利用でき、不要になれば削除できることが大きなメリットです。しかし、タイミングによっては、利用したいときに制限がかかることがあるので、システム利用時にはメンテナンスタイミングなどを考慮しておく必要があります。

本章のまとめ

Azure Virtual Machines

- 仮想マシンスケールセットは自動で増減(スケールアウトおよびスケールイン)させることができる。
- 仮想マシンは運用後、柔軟にスペックを変更することができる。
- 使った時間の分だけ課金される。
- アウトバウンド通信のデータ転送料が発生する。
- 世界中のどこのリージョンでも仮想マシンを作成できる。
- 予算やビジネスニーズに応じて使い分けができる料金プランがある。

Azure App Service

- インフラの管理が不要なPaaSによるWebアプリケーションを構築できる。
- 世界中のどこのリージョンでもアプリをホストできる。

Azure Functions

- インフラの管理が不要なサーバーレス実行環境を提供できる。
- 必要な分だけコンピューティングリソースを自動で提供できる。

Azure Logic Apps

- インフラの管理が不要なサーバーレス実行環境を提供できる。
- ワークフローテンプレートが用意されており、簡単にワークフローアプリケーションを作成できる。

章末問題

問題1

開発チームが一時的な検証のためにAzure Resource Managerテンプレートを用いて30台のWindowsサーバーをすぐに展開したいと考えています。仮想マシンの展開と削除に必要な管理作業を最小限に抑えるAzureサービスを選んでください。

A. Azure Reserved VM Instances（Azure RI）
B. Azure DevTest Labs
C. 仮想マシンスケールセット
D. Azure Dedicated Host

問題2

ルールに基づいてTwitterに自動的にツイートするアプリケーションがあります。アプリケーションをAzureに移行することを計画しています。その際、アプリケーションにサーバーレスコンピューティングソリューションを推奨する必要があります。推奨事項には何を含める必要がありますか？

A. Webアプリ
B. Azure Marketplaceのサーバーイメージ
C. Azure Logic Apps
D. APIアプリ

問題3

以下のサービスのうちAzureでサーバーレスコンピューティングを提供するサービスはどれですか？

A. Azure Virtual Machines
B. Azure Functions
C. Azure Virtual Desktop（AVD）
D. Azure Virtual Machineスケールセット

問題4

Azureの未使用のリソースを利用し安価で仮想マシンを利用したい場合はどのプランを選択しますか？

A. Azure Spot Virtual Machines（スポットVM）
B. Azureハイブリッド特典
C. Azure開発/テスト価格
D. Azure Dedicated Host（専用ホスト）

問題5

あなたの会社の開発者向けのWebサーバーをAzureへ移行することを計画しています。移行計画では、AzureのPlatform as a Service(PaaS)ソリューションのみを使用する必要があると規定されています。以下のどのサービスを使用する必要がありますか？

A. Azure App Service
B. Azure Virtual Machines
C. Azure Dedicated Host
D. Azure DevTest Labs

問題6

仮想マシンスケールセットは、複数の仮想マシンを1つのグループとして管理し、スケジュールもしくは負荷に応じて仮想マシンを自動で増減させます。これは正しい説明でしょうか？

A. 正しい
B. 正しくない

問題7

1台の仮想マシンで、複数のユーザーに仮想デスクトップを提供し共同で利用することができる適切なサービスはどれですか？

A. Azure Functions
B. Azure Virtual Desktop(AVD)
C. Azureマルチセッション
D. Azure App Service

問題8

コンテナーを実行できる環境は次のうちどれですか？ 2つ選択してください。

A. Azure Kubernetes Service(AKS)
B. Azure Functions

C. Azure Container Instances（ACI）
D. Azure App Service

問題9

次のうち仮想マシンの作成時の課金の変動要素となるものをすべて選択してください。

A. 仮想マシンのOSタイプ
B. 仮想マシンを作成するリージョン
C. 仮想マシンの利用ユーザー数
D. 仮想マシンのサイズ

問題10

スケールアウトとは、1台の仮想マシンの処理性能を向上させることでCPUやメモリー数を増やすことです。これは正しい説明でしょうか？

A. 正しい
B. 正しくない

章末問題の解説

✓解説1

解答：B. Azure DevTest Labs

Azure DevTest Labsは、開発者やテスト担当者が自ら環境構築することが可能で、Azure内にすぐに環境構築が必要な場合に適しています。

✓解説2

解答：C. Azure Logic Apps

Azure Logic Appsは、SNSと連携するコネクターを豊富に持つ、GUIで簡単に構築できるサーバーレスコンピューティングリソースです。

✓解説3

解答：B. Azure Functions

Azure Functionsは、アプリケーションを実行するためのサーバーレス環境です。

✓ 解説4

解答：A. Azure Spot Virtual Machines（スポットVM）

Azure Spot Virtual Machines（スポットVM）は、Azureの未使用のリソースを利用することで安価に提供されますが、Azure側でリソースが必要になった場合はスポットVMが削除されるので、いつ削除されてもよい環境に向いています。

✓ 解説5

解答：A. Azure App Service

Azure App ServiceのみPaaSで、それ以外はPaaSではありません。

✓ 解説6

解答：A. 正しい

仮想マシンスケールセットは、複数の仮想マシンを1つのグループとして管理し、スケジュールもしくは負荷に応じて仮想マシンを自動で増減（スケールアウトおよびスケールイン）させることができます。

✓ 解説7

解答：B. Azure Virtual Desktop（AVD）

AVDはAzure上で仮想デスクトップ（VDI）環境を利用できるサービスです。マルチセッション接続対応のWindows 10とWindows 11 Enterpriseでは、1台の仮想マシンで複数のユーザーに仮想デスクトップを提供し、共同で利用することができます。選択肢CのAzureマルチセッションというサービスはありません。

✓ 解説8

解答：A. Azure Kubernetes Service（AKS）、C. Azure Container Instances（ACI）

AKSとACIはAzure上でコンテナー環境を実行できるサービスです。

✓ 解説9

解答：A. 仮想マシンのOSタイプ、B. 仮想マシンを作成するリージョン、D. 仮想マシンのサイズ

仮想マシンはOS、リージョン、VMサイズによって料金が異なります。仮想マシンの利用ユーザー数は課金の変動要素ではありません。

✓ 解説10

解答：B. 正しくない

スケールアウトとは、サーバーの台数を増やして処理性能を向上させることです。スケールアップが、1台の仮想マシンの処理性能を向上させることで、CPU数やメモリー容量を増やすことです。

第5章 ストレージサービス

第5章ではAzureのストレージサービスについて解説します。Azureのストレージサービスでよく利用されるAzure Blob Storage、Azure Files、Azure Disk Storageの名前と概要は押さえておいてください。

5-1 Azure Storage

Azure StorageはAzureのストレージサービスで、以下の種類のデータサービスがあります。

❑ Azure Storageの種類

データサービス	説明
Azure Blob Storage	テキスト、画像、動画などのあらゆる種類のデータを格納
Azure Files	クラウド、オンプレミスから利用できるマネージドファイル共有
Azure Disk Storage	Azure仮想マシンのためのストレージボリューム
Azureキュー	メッセージングストア
Azureテーブル	NoSQLストア

Azure Storageの特徴

Azure Storageの特徴としては、以下の点が挙げられます。

- 冗長オプションによる高い耐久性
- 様々な冗長オプションのサポート
- データのセキュリティ保護
- フルマネージドサービス
- Azureストレージアカウント

冗長オプションによる高い耐久性

冗長オプションにより、データセンターでハードウェア障害が発生した場合でもデータが安全に保てます。もし自然災害のような広域で災害が発生した場合、データセンターまたは地理的リージョンにまたがってデータを複製しておけば、予期しない停止が発生しても高可用性を維持できます。

❏ 冗長オプションと特徴

冗長オプション	特徴
ローカル冗長ストレージ（LRS）	1つのデータセンター内に3つのコピー
ゾーン冗長ストレージ（ZRS）	1つのリージョン内の異なるデータセンターに3つのコピー
Geo冗長ストレージ（GRS/RA-GRS）	プライマリリージョンに3つ、セカンダリリージョンに3つ、合計6つのコピー
Geoゾーン冗長ストレージ（GZRS/RA-GZRS）	プライマリリージョンの個別の可用性ゾーン間で3つ、セカンダリリージョンに3つのローカル冗長コピー、合計6つのコピー

様々な冗長オプションのサポート

冗長オプションは、それぞれ以下のようなAzure Storageでサポートされています。

❏ 冗長オプションとAzure Storage

冗長オプション	サポートするAzure Storage
ローカル冗長ストレージ（LRS）	Azure Blob Storage、Azure Files、Azure Disk Storage、Azureテーブル
ゾーン冗長ストレージ（ZRS）	Azure Blob Storage、Azure Files、Azureテーブル
Geo冗長ストレージ（GRS/RA-GRS）	Azure Blob Storage、Azure Files、Azureテーブル
Geoゾーン冗長ストレージ（GZRS/RA-GZRS）	Azure Blob Storage、Azure Files、Azureテーブル

データのセキュリティ保護

Azureストレージアカウントに書き込まれたすべてのデータがサービスによって暗号化されます。Azure Storageでは、データにアクセスできるユーザーを細かく制御できます。

フルマネージドサービス

ハードウェアのメンテナンス、更新プログラムの適用などはAzure側が行うので、インフラ環境の管理が不要です。

Azureストレージアカウント

Azure Storageを利用するには、まず**ストレージアカウント**を作成する必要があります。ストレージアカウントにはパフォーマンスレベルで「Standard」と「Premium」があります。Standardはほとんどのシナリオに対応し、Premiumは低遅延が必要なシナリオに最適です。

❑ ストレージアカウントの種類

パフォーマンス	ストレージアカウントの種類	用途
Standard	Standard汎用v2、Standard汎用v1	BLOB、ファイル共有、キュー、テーブル用の標準的なストレージアカウント。ほとんどのシナリオに対応
Premium	ブロックBLOB	ブロックBLOBと追加BLOB用のアカウント。高トランザクションレートや低ストレージ遅延に最適
	ファイル共有	ファイル共有専用のアカウント。SMBやNFSファイル共有をサポート
	ページBLOB	ページBLOBに特化したアカウント。ランダムな読み取りと書き込みの操作をするファイルの格納に最適

BLOBの種類

Azure Storageでは3種類のBLOBがサポートされています。**BLOB**（Binary Large Object）とは、データベースでバイナリーデータを格納するデータ型の1つです。画像・動画ファイルや非構造化データを格納できます。Azureはこの BLOBを用いてAzure Storageを提供しています。

- **ブロックBLOB**：テキストとバイナリデータが格納できます。ブロックBLOBは、最大190.7TiBのデータを格納できます。
- **追加BLOB**：仮想マシンやアプリケーションのログなどを保存するのに適しています。
- **ページBLOB**：ランダムな読み取りと書き込みの操作をするファイルの格納に適しています。ページBLOBは最大8TiBのデータを格納できます。ページBLOBは、Azure仮想マシンのディスクとして機能します。

5-2 Azure Blob Storage

Azure Blob Storageは、クラウド用オブジェクトストレージソリューションです。Blob Storageは、テキストファイルや、画像・動画のバイナリデータなど、あらゆる種類の大量のデータを格納するのに適しています。

Azure Blob Storageでは、保存されるデータをブロックBLOBと呼び、保存する入れ物をコンテナーと呼ぶ場合があります。このコンテナーは、AzureのIaaS仮想ディスクのプラットフォームとなり、OSとデータディスクとして実装されています。ディスクはHyper-V VHD形式でAzure Blob Storageに保存されます。

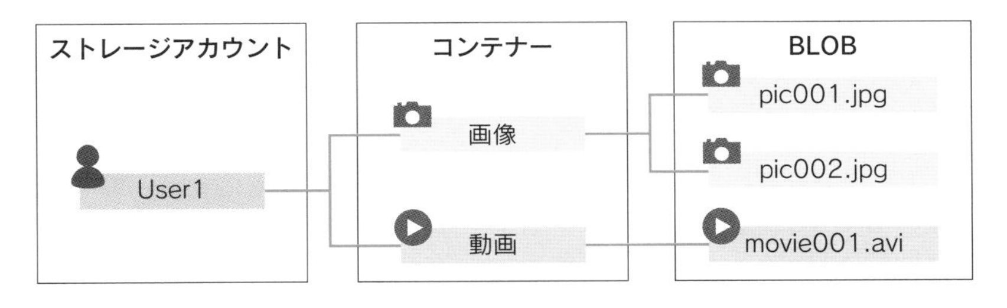

❑ Azure Blob Storageの概念図

Azure Blob Storageの容量

Azure Blob Storageに保存できる単一のBLOBコンテナーの最大サイズは、ストレージアカウントの最大容量と同じ5PiBで、Azureサポートに問い合わせることでさらに最大サイズの容量を増やすことができます。このサイズですから、利用者は保存するファイルの容量をほとんど気にせずに利用できます。

インターネット経由で世界中のどこからでもアクセス

インターネット（HTTP/HTTPS）経由でAzure Blob Storage内のオブジェクトにアクセスできます。ビデオや音楽のストリーミング配信も可能です。

Azure Blob Storageのストレージ層

Azure Blob Storageでは、データを格納するストレージ層を選択することができます。ホットアクセス層、クールアクセス層、アーカイブアクセス層はストレージアカウントのStandard汎用v2が対応しています。

ホットアクセス層

頻繁にアクセスされるデータの格納に最適化されています。ストレージコストが一番高くなりますがアクセスコストはより低くなります。

クールアクセス層

少なくとも30日以上保管されるデータの格納に最適化されています。短期的なバックアップや、頻繁には使用されないもののアクセスされたときにはすぐに利用したい古いデータの格納に最適です。30日以上保管されない場合、早期削除料金が加算されます。たとえば、クールアクセス層に保管したデータを10日後に削除するかホットアクセス層に移動した場合、20日分（30日－10日）に相当する早期削除料金がかかります。

アーカイブアクセス層

ほとんどアクセスされず、少なくとも180日以上保管されるデータの格納に最適化されています。180日以上保管されない場合、早期削除料金が加算されます。たとえば、ブロックBLOBをアーカイブアクセス層に移動し、40日後に削除したりホットアクセス層に移動した場合、そのブロックBLOBのアーカイブアクセス層への保存について140日分（180日－40日）に相当する早期削除料金がかかります。

アーカイブアクセス層はストレージコストが最も低くなりますが、ホットとクールの各アクセス層に比べてデータ取得コストが高くなります。アーカイブアクセス層にあるデータを取得するには、ホットアクセス層もしくはクールアクセス層に変更する必要があります。この作業は完了までに数時間かかります。この作業を**リハイドレート**と呼びます。

❑ Azure Blob Storageのストレージ層

		ホット アクセス層	クール アクセス層	アーカイブ アクセス層
可用性		99.9%	99%	オフライン
料金	ストレージコスト	高い	低い	最も低い
	アクセスコスト	低い	高い	最も高い
	トランザクションコスト	低い	低い	最も高い
最小ストレージ存続期間		該当なし	30日	180日
待機時間(1バイト目にかかる時間)		ミリ秒	ミリ秒	数時間

▶▶▶重要ポイント

- セキュリティ監査などでログの長期保存が必要で、頻繁なアクセスが不要な場合はアーカイブアクセス層に保存する。アクセスするためにはリハイドレートが必要になる。

Column

クラウド上に保存するデータの注意

Azure Blob Storageを用いてデータ保存をする場合、取り扱うデータの種類、バックアップ頻度、保管期間、保管世代数、暗号化方式など、Azureの仕様と企業の要件に合致するか、事前に確認する必要があります。また個人情報などのデータを取り扱う場合、法規制や監査の影響を受けるかどうかも重要な確認ポイントとなります。

5-3

その他のストレージサービス

Azureの他のストレージサービスについては、この節でまとめて紹介します。

Azure Files

Azure Filesは、クラウドまたはオンプレミスのWindows、Linux、macOSからアクセスできるフルマネージドのファイル共有サービスです。

ファイル共有には、SMB（Server Message Block）プロトコルまたはNFS（Network File System）プロトコルでアクセスできます。Azure Filesを利用することで、Azure上に簡単にファイルサーバーが作成できます。

Azure File Sync

Azure File Syncは、WindowsサーバーにAzure File Syncのエージェントをインストールして、WindowsサーバーとAzure間でファイルの同期ができるストレージ同期サービスです。Azure File Syncを利用するにはストレージアカウントの作成（Azure Files）が必要になります。

Azure File Syncを利用すると、オンプレミスで作成・更新したファイルを自動でAzure Filesのストレージと同期できます。

Azure Disk Storage

Azure Disk Storageは、Azure仮想マシンと一緒に使用する仮想マシン用のディスクです。オンプレミスサーバーで使用している物理ディスクの仮想化されたものです。

OSディスクとデータディスク、一時ディスクがあり、一時ディスクは再起動でデータが消えるためキャッシュ用となります。

また仮想マシンにディスクを追加するときには、Azure Portalから追加操作をして、サーバーを再起動せずにOS上に新しく追加できます。

Windows (C:)	Temporary Storage (D:)	Additional_disk001 (E:)
OSディスク（Cドライブ） ・OSが含まれるディスク ・規定サイズは127GB （Windows Server）	一時ディスク（Dドライブ） ・キャッシュ用ディスク （再起動で消える）	データディスク（Eドライブ） ・データ格納用に 追加可能なディスク

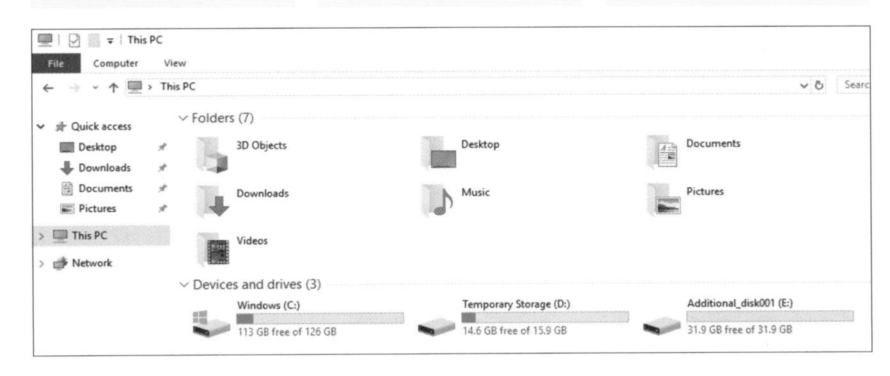

❏ Azure Disk Storageのエクスプローラー表示例

▶▶▶ **重要ポイント**

- 仮想マシンのOS上にディスクを追加するにはAzure Portalを操作する。サーバーを再起動する必要はない。

4種類のタイプから選択できるディスク

利用できるディスクとして、パフォーマンス性能が異なるSSD（Solid State Drive）とHDD（Hard Disk Drive）を使う4種類から選択できます。SSDは回転式HDDと同様の記憶装置で、半導体メモリーを使って高いパフォーマンスを実現しています。最近ではノートPCでもよく利用されている記憶装置です。システムのサービスレベルアグリーメント（SLA）や利用用途に応じてディスクを選択します。

❏ Azure Disk Storageの種類

	Ultraディスク	Premium SSD	Standard SSD	Standard HDD
ディスクの種類	SSD	SSD	SSD	HDD
SLA	99.9%	99.9%	99.5%	95%
最大ディスクサイズ	65,536GiB	32,767GiB	32,767GiB	32,767GiB
最大IOPS（1秒間に読み込み書き込みできる回数）	160,000	20,000	6,000	2,000
利用用途	非常にI/O負荷の高いシステム	パフォーマンスに影響されやすいシステム	利用頻度の低いシステム	開発やテストの環境

Azureキュー

Azureキュー（Azure Queue Storage）は、ストレージを利用したメッセージングサービスです。HTTPまたはHTTPSのプロトコルを利用するため、インターネット経由でどこからでもアプリケーション同士でメッセージのやり取りが可能です。そのメッセージの格納に利用するのがAzureキューです。

Azureテーブル

Azureテーブル（Azure Table Storage）は、NoSQLデータ（半構造化データ）あるいは非リレーショナル構造化データを格納するサービスです。「Azure Table Storage」という名前が示しているように、テーブル形式でデータを格納します。利用用途としては、Webアプリケーションのユーザーデータやアドレス帳など、メタデータのようなデータを格納するのに向いています。Azureテーブルは、ストレージアカウントの容量を超えない限り、任意のテーブルとエンティティ（情報）を保存することができます。

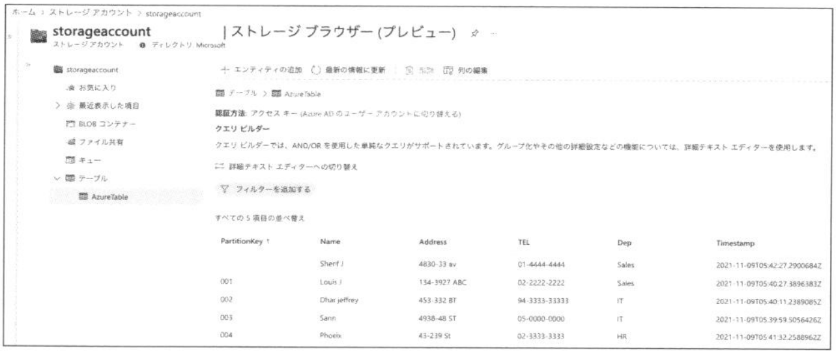

❏ Azureテーブル

▶▶▶**重要ポイント**

- Azure Blob Storage、Azure Files、Azureキュー、Azureテーブルの各ストレージサービスの利用用途を把握しておく必要がある。

Azure Migrate

Azure Migrateは、オンプレミス環境やAzure以外のクラウド上に構築したサーバーやデータをAzureに移行するための評価・移行ツールです。

Azure Migrateはサーバー、データベース、Webアプリケーションの移行ができます。

Azure Data Box

Azure Data Boxは、大量のデータ（最大80TiB）をAzureに移行する際に利用できるサービスです。Data BoxはAzure Portal上で申し込みをします。運送業者を介してオンプレミスのデータセンターとAzureのデータセンターの間で物理デバイスを輸送し、Azureのデータセンターへデータを移行します。

本章のまとめ

- Azure Storageには、Azure Blob Storage、Azure Files、Azure Disk Storage、Azureキュー、Azureテーブルのサービスがある。
- データセンター障害に備えて冗長オプションが用意されている。
- Azure Blob Storageは、HTTP/HTTPSのインターネット経由で世界中のどこからでもアクセスできる。
- Azure Blob Storageのストレージ層には、頻繁にアクセスするホットアクセス層、少なくとも30日以上保管されるデータの格納に最適化されているクールアクセス層、ほとんどアクセスされず、少なくとも180日以上保管されるデータの格納に最適化されているアーカイブアクセス層がある。
- Azure Filesは、クラウドまたはオンプレミスからファイル共有ができるフルマネージドのファイル共有サービスである。

Column

単一障害点をなくすためのアーキテクチャ

クラウドでは、単一障害点をなくすために、冗長性をアーキテクチャに組み込むことが重要になります。設計のポイントとしては、以下の観点を考慮します。

- 耐障害性のあるアプリケーションを利用して障害を回避させる
- アプリケーションのクリティカルパスを特定し、各ポイントに冗長性を確保する
- 各リソースやシステムで障害が発生した場合に、アプリケーションがフェイルオーバーするようにする

この考え方をシステムのアーキテクチャに組み込む際に推奨される対策としては、次のようなものが考えられます。

- ロードバランサーの内側に仮想マシンを配置する
- データベースをレプリケーションする
- 耐障害性のあるPaaSを利用する
- 複数のリージョンにレプリケーションする
- Geoレプリケーションを有効にする

章末問題

問題1

Windows PCからAzureの共有フォルダをマップし、ファイルを保存したいと考えています。Azureサービスで何を利用する必要がありますか？

A. Azure Files
B. Azure Disk Storage
C. Azure Batch
D. Azureハイブリッド特典

問題2

Azure Blob Storageに100GBのデータを60日間保存したいと計画しています。

データは頻繁には使用されませんが、アクセスされたときにすぐに利用できる必要があります。費用を抑えるためにはどのストレージ層が最適ですか？

A. アーカイブアクセス層
B. クールアクセス層
C. ホットアクセス層

問題3

開発者は半構造化データ（NoSQLデータ）を扱うシステム開発を計画しています。NoSQLデータを格納するのに適しているストレージサービスはどれですか？

A. Azureキュー
B. Azure SQL
C. Azureテーブル
D. Azure Container Instances

問題4

データセンターやリージョンの障害にも耐えられる、最も高い可用性を提供しているストレージサービスの冗長オプションは次のうちどれですか？

A. ローカル冗長ストレージ（LRS）
B. ゾーン冗長ストレージ（ZRS）
C. Geo冗長ストレージ（GRS/RA-GRS）
D. Geoゾーン冗長ストレージ（GZRS/RA-GZRS）

問題5

Azure Disk Storageで、開発やテスト環境に向いているSLAが最も低いディスクタイプはどれですか？

A. Premium SSD
B. Standard HDD
C. Ultraディスク
D. Standard SSD

問題6

クラウドまたはオンプレミスのWindows、Linux、macOSからアクセスできるフルマネージドのファイル共有サービスは次のうちどれですか？

A. Azure Files
B. Azure Functions
C. Azure App Service
D. Azure IoT

問題7

テキストファイルや、画像・動画のバイナリデータなど、あらゆる種類の大量のデータを格納するのに適しているサービスは次のうちどれですか？

A. Azure Blob Storage
B. Azure Files
C. Azure Cosmos DB
D. Azure SQL Database

問題8

Azureで提供されているメッセージングサービスは次のうちどれですか？

A. Azure SNS
B. Azureキュー
C. Azureテーブル
D. Azure Message

問題9

Azure Disk Storageは、Azure仮想マシンと一緒に使用する仮想マシン用のディスクです。これは正しいでしょうか？

A. 正しい
B. 正しくない

問題10

　頻繁にアクセスされるデータの格納に最適化されているAzure Blob Storageのストレージ層は次のうちどれですか？

A. ホットアクセス層
B. アーカイブアクセス層
C. クールアクセス層

章末問題の解説

✓解説1

解答：A. Azure Files
　Windows PCはSMBを利用するため、ストレージアカウントのAzure Filesサービスが適切な答えです。

✓解説2

解答：B. クールアクセス層
　クールアクセス層は少なくとも30日以上保管されるデータの格納に最適化されています。そのためクールアクセス層は短期的なバックアップや頻繁に使用しないデータの保管、アクセスされたときにはすぐに利用したいデータの格納に最適です。
　アーカイブアクセス層のストレージコストは最も低くなりますが、ホットアクセス層およびクールアクセス層と比較してデータ取得コストが高くなります。データは、少なくとも180日間アーカイブアクセス層に保持する必要があります。そうでない場合は、早期削除料金が発生します。

✓解説3

解答：C. Azureテーブル
　Azureテーブル（Azure Table Storage）は、NoSQLデータを格納するサービスです。

✓解説4

解答：D. Geoゾーン冗長ストレージ（GZRS/RA-GZRS）
　Geoゾーン冗長ストレージは、プライマリリージョンの個別の可用性ゾーン間で3つ、セカンダリリージョンに3つのローカル冗長コピー、合計6つのコピーができる最も可用性の高い冗長オプションです。

✓解説5

解答：B. Standard HDD

Standard HDDは、性能やコストが一番低い、開発やテスト環境向けのディスクです。SLAと価格が高い順に「Ultraディスク→Premium SSD→Standard SSD→Standard HDD」となります。

✓解説6

解答：A. Azure Files

Azure Filesは、クラウドまたはオンプレミスのWindows、Linux、macOSからアクセスできるフルマネージドのファイル共有サービスです。

✓解説7

解答：A. Azure Blob Storage

Azure Blob Storageは、テキストファイルや、画像・動画のバイナリデータなど、あらゆる種類の大量のデータを格納するのに適しています。

✓解説8

解答：B. Azureキュー

Azureキュー（Azure Queue Storage）は、Azureで提供されているメッセージングサービスです。Azureテーブル（Azure Table Storage）は、NoSQLデータ、あるいは非リレーショナル構造化データを格納するサービスです。Azure SNSとAzure Messageは、Azureのサービスにはありません。

✓解説9

解答：A. 正しい

Azure Disk Storageは、Azure仮想マシンと一緒に使用する仮想マシン用のディスクです。

✓解答10

解答：A. ホットアクセス層

ホットアクセス層は、頻繁にアクセスされるデータの格納に最適化されています。クールアクセス層は、短期的なバックアップや頻繁に使用されないデータの格納に最適です。アーカイブアクセス層は、ほとんどアクセスされないデータの格納に最適化されています。

第6章 ネットワークサービス

ここではAzureのネットワークサービスについて説明します。Azureのクラウド内部に構築する仮想ネットワーク（Virtual Network）と、クラウドとオンプレミスを接続するVPNゲートウェイ、それにExpressRouteについて取り上げます。

6-1

Azure Virtual Network

Azure Virtual Network（VNet）は、Azure内に作成する仮想のプライベートネットワークです。VNetにより、仮想マシンや他のAzureリソースと接続でき、インターネットやオンプレミスのネットワークと安全に通信することができます。VNetはオンプレミスで利用するネットワークに似ていますが、ユーザーがAzure上に独立した仮想ネットワークを作成できます。

仮想ネットワークとサブネット

VNetでは、分離された仮想ネットワークを複数作成できます。仮想ネットワークを作成するときは、プライベートIPアドレス空間を定義します。**プライベートIPアドレス**とは、外部から利用できない社内ネットワークなどのIPアドレスとして使うことができるアドレス範囲です。

そのIPアドレス空間をさらに**サブネット**に分割し、仮想ネットワークの中を分離することができます。すべての仮想マシンはサブネットの中に配置します。

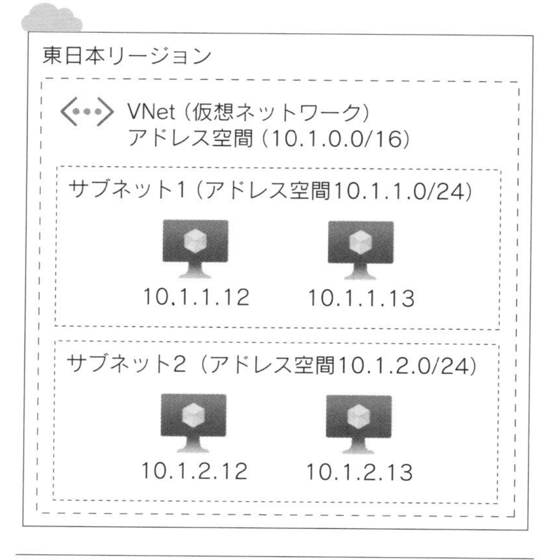

❏ 仮想ネットワークとサブネットの概要

VNetに利用できるIPアドレス範囲

VNetに利用するIPアドレス範囲として、以下のプライベートIPアドレスの使用が推奨されています。

- 10.0.0.0～10.255.255.255（10/8プレフィックス）
- 172.16.0.0～172.31.255.255（172.16/12プレフィックス）
- 192.168.0.0～192.168.255.255（192.168/16プレフィックス）

インターネットとの通信

Azure上の仮想マシンは、パブリックIPアドレスを設定することで、インターネットから接続できます。仮想マシンへは、Azure CLI（コマンドラインインターフェイス）、SSH（Secure Shell）、またはリモートデスクトップ（RDP、Remote Desktop Protocol）で接続します。

パブリックIPアドレスでの外部との接続は課金の対象になります。また外部とやり取りできるということは、セキュリティの脅威が発生するということなので、パブリックIPアドレスの利用には注意が必要です。

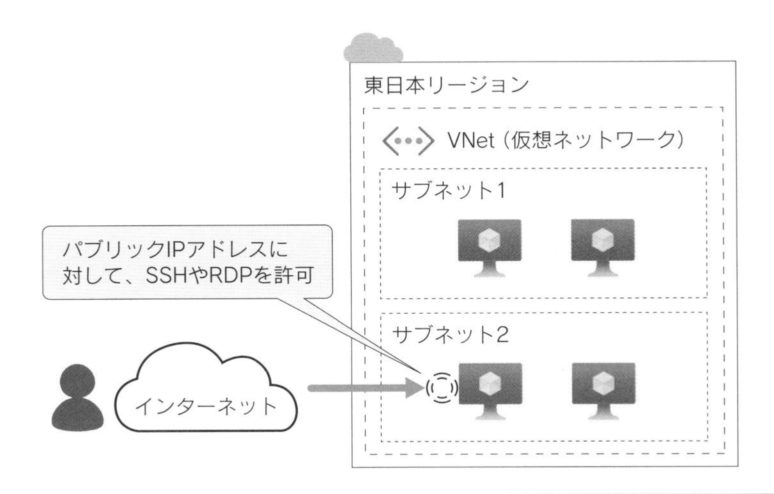

❏ Azureとインターネットアクセスについて

▶▶▶ **重要ポイント**

- パブリックIPアドレスを付与すると課金とセキュリティ脅威が生じるので、パブリックIPアドレスは必要最低限に留める。

仮想ネットワークの接続

Azureでは、仮想ネットワーク同士を接続する場合、**仮想ネットワークピアリング**を使用してシームレスに接続することができます。仮想ネットワークは独立しているため、通常は接続するのに手間がかかりますが、仮想ネットワークピアリングなら、Azureのバックボーンを使用して、見かけ上1つのネットワークとして機能させられます。そのため、ピアリングされた仮想ネットワーク同士では、各仮想ネットワーク内のリソースを、同じネットワーク内のように相互にやり取りすることが可能です。

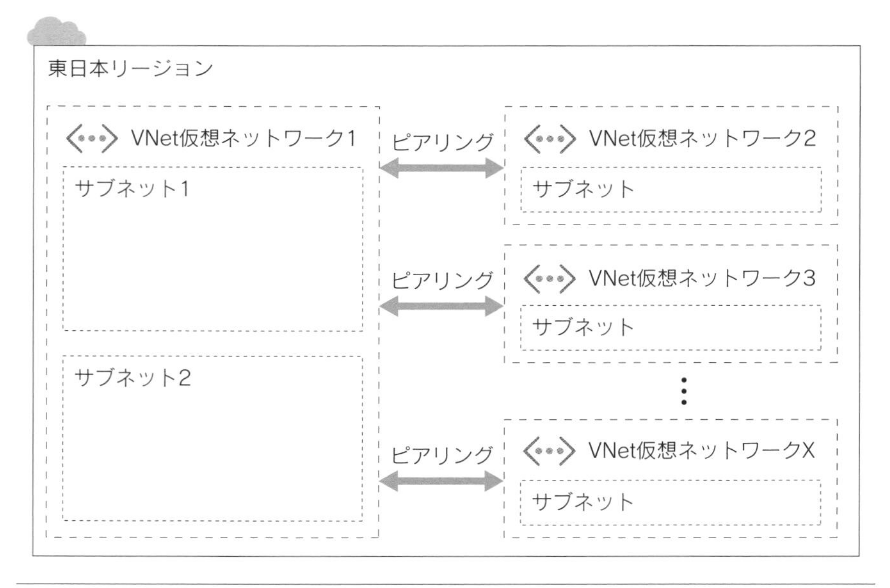

❏ 仮想ネットワーク同士のピアリング

ネットワークトラフィック制御

仮想ネットワークのトラフィック制御方法として、以下の方法でサブネット間のトラフィックを制御できます。

- ネットワークセキュリティグループ（NSG）
- アプリケーションセキュリティグループ（ASG）
- ネットワーク仮想アプライアンス（NVA）

ネットワークセキュリティグループ（NSG）

ネットワークセキュリティグループ（NSG）は、VNetのサブネットもしくは仮想マシンのNIC（ネットワークインターフェイス）に設定できるセキュリティ設定です。VNet内で利用するファイアウォールのようなサービスです。1つのNSGを複数のサブネット、複数のNICに定義することもできます。

クラウドでより高いセキュリティを保つためにとても重要なものなので、ぜひ理解しておきましょう。

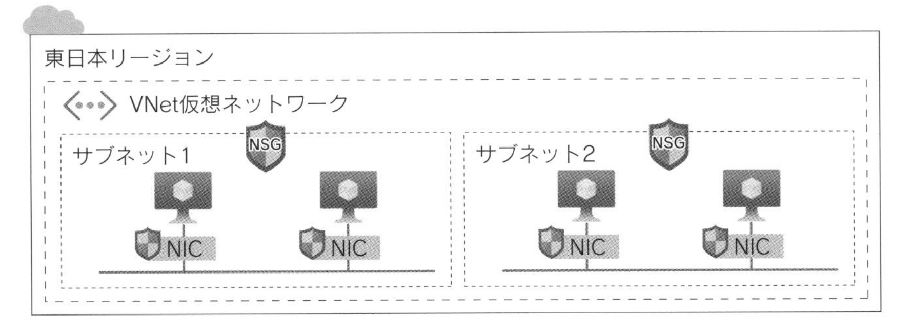

❑ ネットワークセキュリティグループ（NSG）

NSGは、受信と送信に関するセキュリティ規則を複数定義することができるセキュリティ設定です。受信ポートと送信ポートのIPアドレス、ポート、プロトコルなどの要素に基づいて、トラフィックを許可または拒否する各規則を定義できます。このとき、セキュリティを確保するには、必要最低限のプロトコルのみを許可するのがよいでしょう。

また、定義したセキュリティ規則は、**優先度番号**が小さいものが優先されます。Azureによって、優先度番号65000、65001、65500の規定のセキュリティ規則が作成されています。このセキュリティ規則は修正することができません。

名前でフィルター処理 ポート == すべて プロトコル == すべて ソース == すべて 宛先 == すべて アクション == すべて

優先度 ↑	名前 ↑↓	ポート ↑↓	プロトコル ↑↓	ソース ↑↓	宛先 ↑↓	アクション ↑↓
∨ 受信セキュリティ規則						
300	RDP	3389	TCP	任意	任意	Allow
65000	AllowVnetInBound	任意	任意	VirtualNetwork	VirtualNetwork	Allow
65001	AllowAzureLoadBalancerInB...	任意	任意	AzureLoadBalancer	任意	Allow
65500	DenyAllInBound	任意	任意	任意	任意	Deny
∨ 送信セキュリティ規則						
65000	AllowVnetOutBound	任意	任意	VirtualNetwork	VirtualNetwork	Allow
65001	AllowInternetOutBound	任意	任意	任意	Internet	Allow
65500	DenyAllOutBound	任意	任意	任意	任意	Deny

❑ 受信・送信セキュリティ規則

重要ポイント

- ネットワークセキュリティグループ（NSG）は、サブネットの境界やNICでセキュリティの制御をする。
- NSGを活用し、必要最低限のプロトコルのみを許可すべき。

アプリケーションセキュリティグループ（ASG）

アプリケーションセキュリティグループ（ASG）は、ネットワークセキュリティグループ（NSG）の拡張機能で、仮想マシンのNICをグループ化して、それらのグループに基づくネットワークセキュリティポリシーを定義できます。同じ役割のサーバーが複数ある場合は、ASGでセキュリティポリシーをグルーピングできるので管理が簡略化できます。

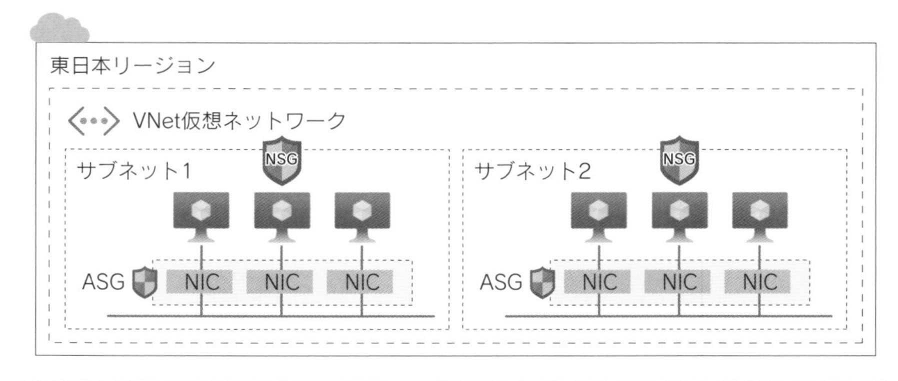

❑ アプリケーションセキュリティグループ（ASG）

ネットワーク仮想アプライアンス(NVA)

ネットワーク仮想アプライアンス(**NVA**、Network Virtual Appliance)は、ファイアウォールやロードバランサーなどのネットワークアプライアンス機器を、仮想マシンとしてAzure上で提供するサービスです。NVAは通常、**DMZ**(DeMilitarized Zone、**非武装地帯**)から他のネットワークまたはサブネットへのネットワークトラフィックのフローを制御するために使用されます。また、**ユーザー定義ルート**(UDR、User Defined Route)を使用することで、ユーザーが中継経路を変更できます。

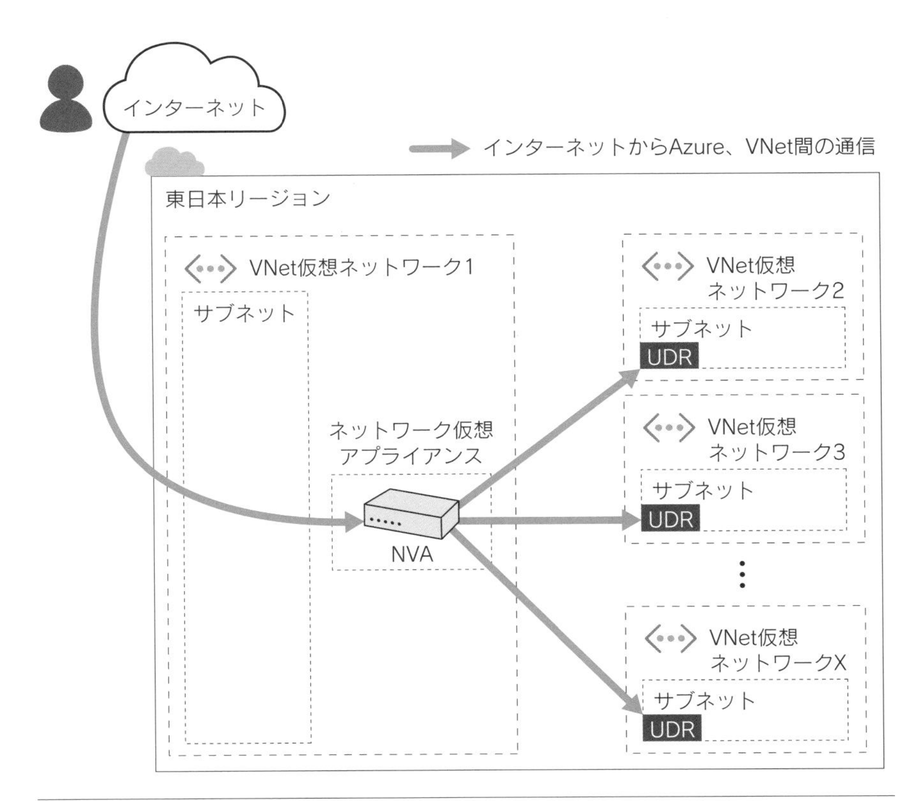

❏ ネットワーク仮想アプライアンス(NVA)

NVAには様々なものがあり、Azure Marketplaceから用途に応じて選択できます。

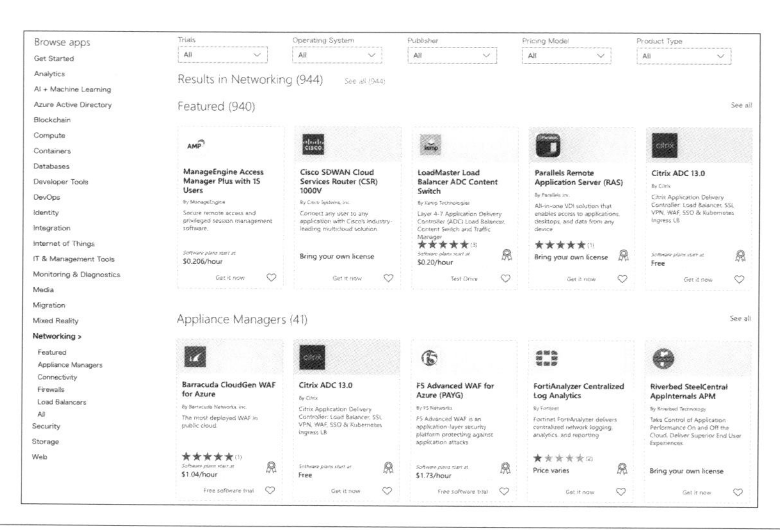

❑ Azure Marketplaceから選択可能なNVAの一覧

Azure Virtual Networkの設定

　仮想ネットワークを作成するときは、いくつかの基本的な項目の設定が必要になります。ここで、基本的な設定項目を紹介しておきましょう。

ホーム > 仮想ネットワーク >

仮想ネットワークの作成 …

基本　セキュリティ　IP アドレス　タグ　確認および作成

Azure Virtual Network (VNet) は、Azure のプライベート ネットワークの基本構成ブロックです。VNet を使用すると、Azure Virtual Machines (VM) など、Azure リソースの多くの種類が有効になり、相互にまたはインターネットやオンプレミスのネットワークと安全に通信できます。VNet は、独自のデータ センターで運用する従来のネットワークに似ていますが、スケーリング、可用性、分離などの Azure のインフラストラクチャの他の利点を活用できます。
詳細。

プロジェクトの詳細

デプロイされたリソースとコストを管理するためのサブスクリプションを選択します。フォルダーなどのリソース グループを使用すると、すべてのリソースを整理して管理することができます。

サブスクリプション *

リソース グループ *

新規作成

インスタンスの詳細

仮想ネットワーク名 *

地域 ⓘ *　(Asia Pacific) Japan East

エッジ ゾーンにデプロイ

❑ 仮想ネットワークの作成（基本）

- **サブスクリプション**：サブスクリプションは、Azureサービスを入手するマイクロソフトとの契約のことです。この契約が複数ある場合に、利用するサブスクリプションを指定します。
- **リソースグループ**：仮想ネットワークはリソースグループ内に作成する必要があります。**リソース**とは、仮想マシンの構成、ディスク、NIC、仮想ネットワーク、パブリックIPアドレス、ネットワークセキュリティグループなどのことで、それらを組み合わせたものが**リソースグループ**です。既存のリソースグループを指定するか新規作成をします。
- **名前**：仮想ネットワークの名前を付けます。サブスクリプション内で一意である必要があります。
- **地域**：仮想ネットワークを作成するリージョンを選択します。

次にアドレス情報の設定項目として以下を構成します。

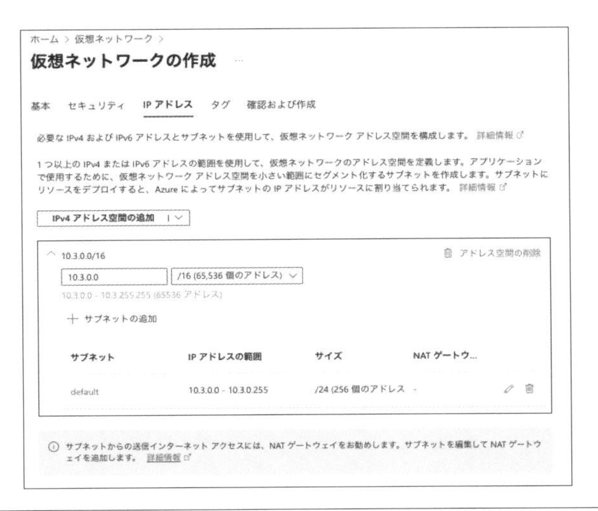

❑ 仮想ネットワークの作成（IPアドレス）

- **アドレス空間**：仮想ネットワークで使用する内部のアドレス空間をCIDR（Classless Inter-Domain Routing）形式で定義します。**CIDR形式**とは、VNetのプライベートネットワーク内で利用されるIPアドレスの範囲を「10.3.0.0/16」のように指定するものです。
- **サブネット名、サブネットアドレス範囲**：仮想ネットワーク内のサブネット名とサブネットアドレス範囲を定義します。アドレス範囲はCIDR形式です。

必要情報を入力すると次の図の「仮想ネットワーク構成画面」に移り仮想ネットワークが作成できます。

❑ 仮想ネットワーク構成画面

サブネットとネットワークセキュリティグループの関連付け

仮想ネットワークの作成後に、サブネットとネットワークセキュリティグループ（NSG）の関連付けができます。事前に任意のNSGを作成するために、Azure Portalの検索画面で「ネットワークセキュリティグループ」と入力するか、「すべてのサービス」から「ネットワークセキュリティグループ」を選択します。

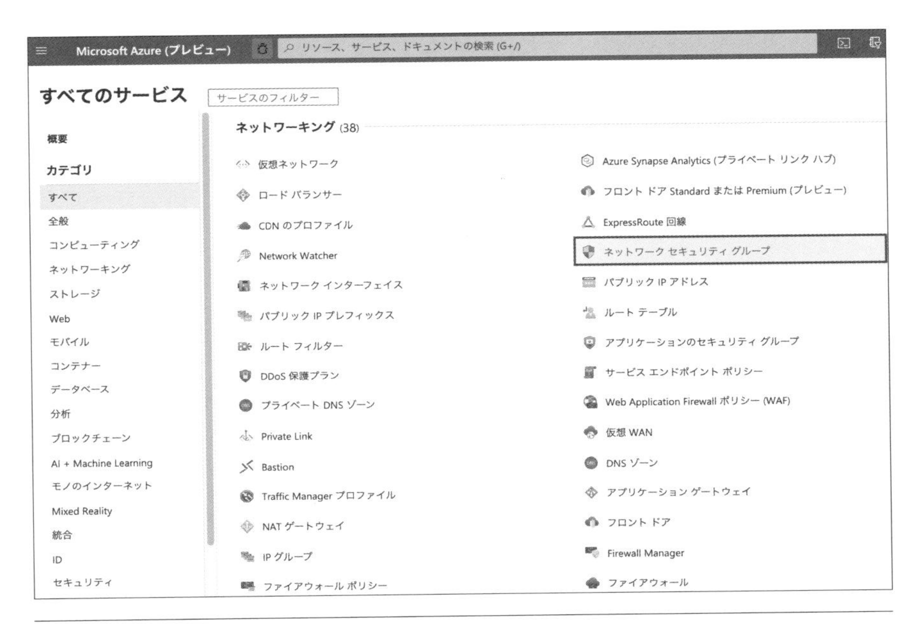

❏「すべてのサービス」からNSGを選択

NSG作成のために必要情報を入力します。ここではリソースグループ、NSGの名前、作成するリージョン(地域)を選択し作成します。

ホーム > ネットワーク セキュリティ グループ >

ネットワーク セキュリティ グループの作成 …

基本　タグ　確認および作成

プロジェクトの詳細

サブスクリプション *

リソース グループ *　AZ900
新規作成

インスタンスの詳細

名前 *　NSG-AZ900

地域 *　東日本

❏ NSGの作成画面

必要情報を入力すると「ネットワークセキュリティグループの構成画面」に移り、NSGが作成できます。NSGの構成画面から受信と送信に関するセキュリティ規則を追加できるようになります。サブネットとNSGの関連付けを行うために、この画面の左のメニューから「サブネット」を選択します。

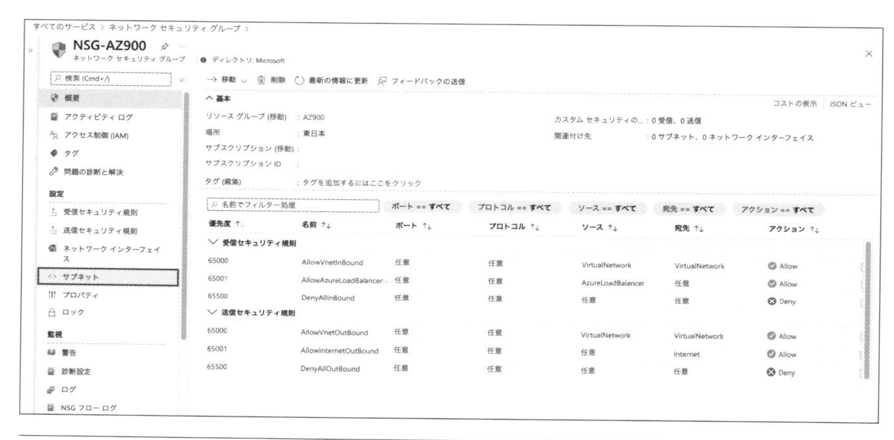

❑ NSGの構成画面

サブネットとNSGを関連付けるために、事前に作成した「仮想ネットワーク」と「サブネット」を選択して関連付けを行います。

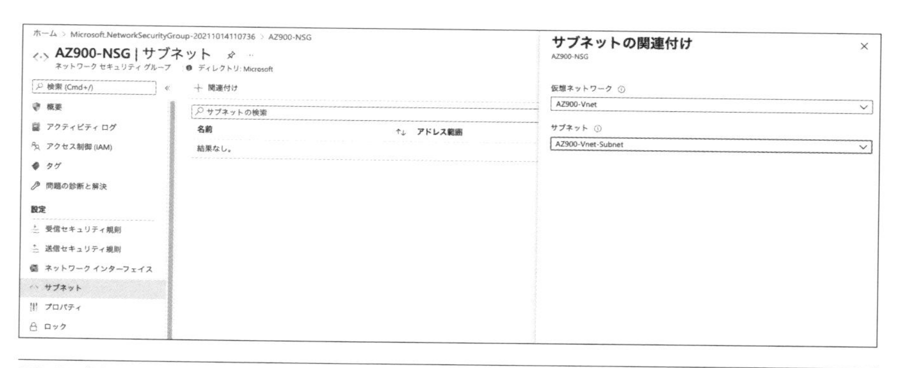

❑ サブネットとNSGの関連付け

6-2 Azureとオンプレミスとの通信

オンプレミス環境とAzure環境の接続方法には以下があります。

- ポイント対サイト仮想プライベートネットワーク（P2S VPN接続）
- サイト間仮想プライベートネットワーク（S2S VPN接続）
- Azure ExpressRoute

ポイント対サイト仮想プライベートネットワーク（P2S VPN接続）

個々のクライアントコンピュータから、インターネット経由で暗号化されたVPN（Virtual Private Network）接続によってAzureの仮想ネットワークに接続するのが、**ポイント対サイト仮想プライベートネットワーク（P2S VPN接続）**です。たとえば、在宅勤務者が自宅などの遠隔地からセキュアにAzureの仮想ネットワークに接続することができます。

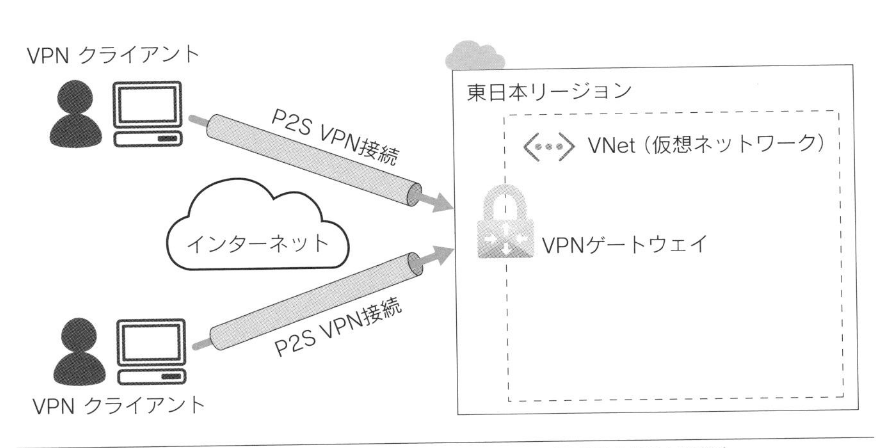

❑ ポイント対サイト仮想プライベートネットワーク（P2S VPN接続）

6 ネットワークサービス

サイト間仮想プライベートネットワーク（S2S VPN接続）

サイト間仮想プライベートネットワーク（S2S VPN接続）は、オンプレミスとAzureの仮想ネットワーク間をVPN接続します。インターネットでの通信を暗号化されたVPN接続にすることで、企業のオフィスからAzureのリソースを安全に利用することができます。

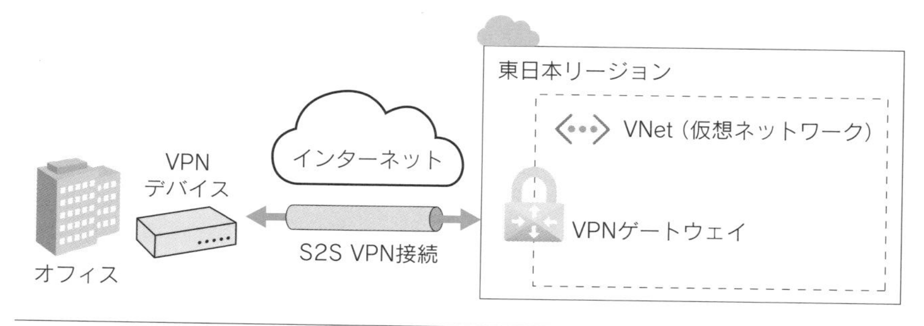

❑ サイト間仮想プライベートネットワーク（S2S VPN接続）

サイト間仮想プライベートネットワークの接続手順

オンプレミスとAzureネットワークをVPN接続するには、事前にオンプレミス側とAzureリソースで準備が必要になります。その手順を紹介します。

Azureリソースの準備

1. **仮想ネットワークとゲートウェイサブネットを作成**：オンプレミスと接続する仮想ネットワークを準備し、新しいサブネットとしてゲートウェイサブネットを作成します。仮想ネットワークには、VPNゲートウェイを1つだけ作成できます。
2. **仮想ネットワークゲートウェイを作成**：オンプレミスと仮想ネットワークとの間のトラフィックをルーティングするための仮想ネットワークゲートウェイを作成します。
3. **パブリックIPアドレスの設定**：オンプレミスと仮想ネットワークとの接続にパブリックIPアドレスが必要になるので、仮想ネットワークゲートウェイの作成手順の中でパブリックIPアドレスを設定します。

4. **ローカルネットワークゲートウェイの作成**：オンプレミスネットワークの構成を定義（VPNデバイスのIPアドレスなど）するためのローカルネットワークゲートウェイを作成します。
5. **接続**：仮想ネットワークゲートウェイとローカルネットワークゲートウェイの間の論理接続を作成するために関連付けをします。

オンプレミスリソースの準備

オンプレミス側では、次のリソースを用意しておく必要があります。

- VPNゲートウェイをサポートしているVPNデバイス
- パブリックIPアドレス

重要ポイント

- サイト間仮想プライベートネットワーク接続で必要となるリソースを把握しておく必要がある。

Azure ExpressRoute

オンプレミスとAzureの接続に、高いセキュリティレベルと帯域が求められる環境には、**Azure ExpressRoute**が最適な方法です。VPN接続ではインターネットを利用していますが、ExpressRouteでは専用線で接続するため帯域が保証されています。最大10Gbps（ExpressRoute Directなら100Gbps）の帯域幅をサポートしています。

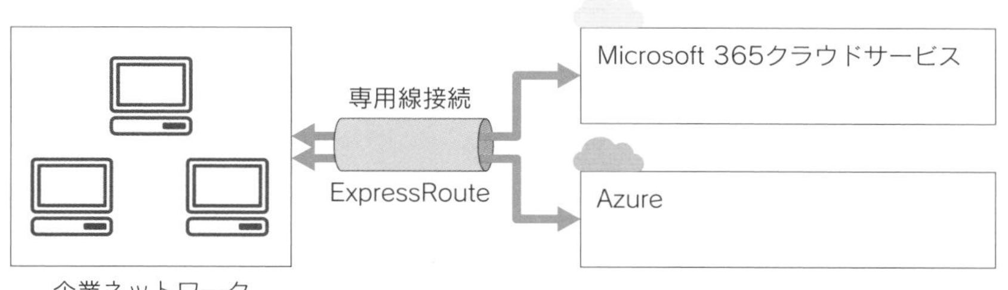

❑ Azure ExpressRoute

ExpressRouteを利用すると、接続プロバイダーが提供するプライベート接続経由で、オンプレミスのネットワークをマイクロソフトのクラウドサービスに接続できます。ExpressRouteでは、AzureだけでなくMicrosoft 365などのMicrosoftクラウドサービスへプライベート接続できるようになります。

本章のまとめ

- 仮想ネットワークはAzure上に隔離されたプライベートなネットワーク環境を作成できる。
- VNet内のセキュリティ制御を簡単にできる方法として、ネットワークセキュリティグループ（NSG）がある。
- サブネットで仮想ネットワークの中を分割し、仮想マシンを作成する。
- 仮想ネットワークのアドレスはプライベートIPアドレスを定義する。
- 仮想マシンはパブリックIPアドレスを設定することで、インターネットから接続できる。
- ネットワークセキュリティグループ（NSG）は、VNetのサブネットもしくは仮想マシンのNIC（ネットワークインターフェイス）に設定でき、トラフィックを制御する仮想ファイアウォール機能。
- オンプレミスとのセキュアで安定した接続が必要な場合はAzure ExpressRouteを利用する。
- Azure ExpressRouteはAzureとオンプレミスを専用線で接続する。

章末問題

問題1

Azure上に仮想マシンでそれぞれWebサーバー、アプリケーションサーバー、DBサーバーを構築しました。WebサーバーとDBサーバーの通信を制御するために最も簡単な制御方法は次のうちどれですか？

A. Azure Virtual Network
B. ネットワークセキュリティグループ（NSG）

C. Azure Container Instances（ACI）
D. Azure Dedicated Host

問題2

インターネットからAzure上の仮想マシンにアクセスするために必要なリソースは次のうちどれですか？

A. パブリックIPアドレス
B. プライベートIPアドレス
C. ハイブリッドクラウド
D. Azure ExpressRoute

問題3

あなたは、特定の仮想マシンにリモートデスクトップ接続をする必要があります。仮想マシンにリモートデスクトップ接続のポート番号3389の通信許可をする場合に、どの設定を確認する必要がありますか？

A. ネットワークセキュリティグループ（NSG）
B. Azure Virtual Network
C. Azure ExpressRoute
D. Azure VPN接続

問題4

あなたの会社は本社のオンプレミスネットワークとAzureリソースを、セキュアで10GBbpsの安定した帯域で接続したいと考えています。どのソリューションを導入する必要がありますか？

A. S2S VPN接続
B. Azure ExpressRoute
C. インターネット接続
D. P2S VPN接続

問題5

オンプレミスの環境とVPN接続によりAzureネットワークを接続するために、以下の中から必要なAzureリソースを2つ選択してください。

A. ゲートウェイサブネット
B. ロードバランサー
C. 仮想ネットワークゲートウェイ
D. 仮想マシン

問題6

[　　　　　　]は、Azure内に作成する仮想のプライベートネットワークです。空欄に入る正しい用語を選択してください。

A. ネットワークセキュリティグループ
B. Azure Virtual Network（VNet）
C. Azure ExpressRoute
D. Azure Private Network

問題7

仮想ネットワークのサブネットのトラフィックを制御できる方法をすべて選択してください。

A. ネットワーク仮想アプライアンス（NVA）
B. ネットワークセキュリティグループ（NSG）
C. アプリケーションセキュリティグループ（ASG）

問題8

オンプレミス環境とAzure環境の接続方法をすべて選択してください。

A. Azure ExpressRoute
B. VPN接続（ポイント対サイト）
C. VPN接続（サイト間）

問題9

仮想マシンにパブリックIPアドレスを付与することは課金の対象となる。これは正しいでしょうか？

A. 正しい
B. 正しくない

問題10

インターネットからアクセスするためにAzure環境を構築します。仮想ネットワークを設定作成するときは、［　　　　］を定義します。空欄に入る正しい用語を選択してください。

A. パブリックIPアドレス空間
B. プライベートIPアドレス空間

章末問題の解説

✓解説1

解答：B. ネットワークセキュリティグループ（NSG）

NSGはサブネットの境界やNICでセキュリティの制御ができる最も簡単なファイアウォール機能です。

✓解説2

解答：A. パブリックIPアドレス

インターネットから仮想マシンにアクセスするためには、仮想マシンにパブリックIPアドレスをアタッチします。パブリックIPアドレスはAzure側で自動的に割り振られます。

✓解説3

解答：A. ネットワークセキュリティグループ（NSG）

NSGの受信セキュリティ規則にリモートデスクトップ接続のためのプロトコルを許可することで、リモートデスクトップ接続が可能となります。

✓解説4

解答：B. Azure ExpressRoute

高いセキュリティレベルと帯域確保が必要な場合はAzure ExpressRouteの利用が推奨され

ています。

✓解説5

解答：A. ゲートウェイサブネット、C. 仮想ネットワークゲートウェイ

オンプレミスと接続する仮想ネットワークを準備し、新しいサブネットとして「ゲートウェイサブネット」が必要です。その次に、オンプレミスと仮想ネットワークとの間のトラフィックをルーティングするための「仮想ネットワークゲートウェイ」を作成します。その他に「パブリックIPアドレス」と「ローカルネットワークゲートウェイ」の準備をして接続します。

✓解説6

解答：B. Azure Virtual Network（VNet）

Azure Virtual Network（VNet）は、Azure内に作成する仮想のプライベートネットワークです。ネットワークセキュリティグループは、VNetのサブネットもしくは仮想マシンのNIC（ネットワークインターフェイス）に設定できるセキュリティ設定です。Azure ExpressRouteは、オンプレミスとAzureを専用線で接続するサービスです。Azure Private Networkは、Azureのサービスとして存在していません。

✓解説7

解答：A. ネットワーク仮想アプライアンス（NVA）、B. ネットワークセキュリティグループ（NSG）、C. アプリケーションセキュリティグループ（ASG）

仮想ネットワークのトラフィック制御方法として、選択肢のすべての方法でサブネット間のトラフィックを制御できます。

✓解説8

解答：A. Azure ExpressRoute、B. VPN接続（ポイント対サイト）、C. VPN接続（サイト間）

オンプレミス環境とAzure環境の接続方法として、Azure ExpressRoute、VPN接続（ポイント対サイト）、VPN接続（サイト間）があります。

✓解説9

解答：A. 正しい

パブリックIPアドレスの付与は課金の対象になるので、パブリックIPアドレスは必要最低限にするべきです。

✓解説10

解答：B. プライベートIPアドレス空間

インターネットからアクセスする場合でも、仮想ネットワークはプライベートIPアドレス空間を定義し、仮想ネットワークを作成する必要があります。

第7章 データベースサービス

DP-900試験（Azure Data Fundamentals）が開始されたこともあり、データベースは2022年5月の試験改訂からAZ-900試験の出題範囲外となっています。しかし、データベースはAzure上に構築するシステム全体を理解する上で重要なコンポーネントであるため、基本的な知識として本章で解説しておきます。

7-1 データベースサービスの概要

Azureでは RDB(リレーショナルデータベース)、NoSQL(ドキュメント指向型などのRDB以外のデータベース)のPaaSが提供されています。

Azureで提供されているデータベースサービスには、次の図のようなものがあります。本書では、代表的なRDBであるAzure SQL Databaseと、NoSQLのAzure Cosmos DBを中心に紹介していきます。

RDB(リレーショナルデータベース)

Azure SQL Database

Azure Synapse Analytics (旧SQL Data Warehouse)

Azure SQL Managed Instance

Azure Database for MySQL

SQL Server on Azure VM

Azure Database for PostgreSQL

Azure Database for MariaDB

NoSQL(ドキュメント指向型などのデータベース

Azure Cosmos DB

Azure Cache for Redis

Azure Table Storage

❑ Azureで提供されるデータベースサービス

7-2 Azure SQL Database

Azure SQL DatabaseはオンプレミスのSQL ServerをベースとしたPaaSで、従来のSQL Serverの知識/資産をそのまま活かすことができます。冗長構成、バックアップ、監視、バージョンアップがフルマネージドサービスとして利用できます。

次の図はオンプレミスの物理マシン/仮想マシンとAzureの仮想マシン(IaaS)上に構築されたSQL Server、それにSQL ServerのPaaSであるAzure SQL Databaseの3種類の環境において利用者が管理する対象を比較したものです。

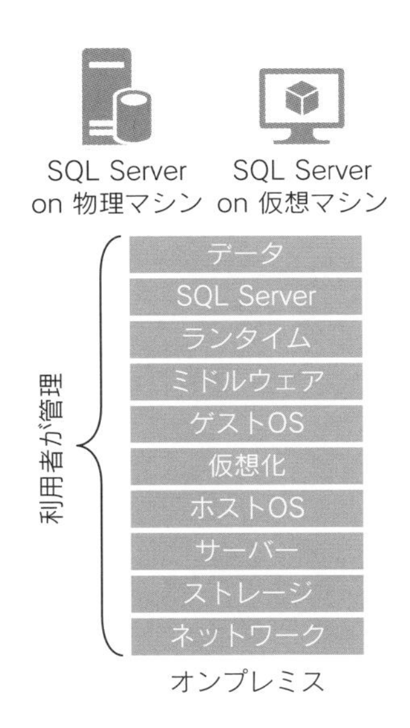

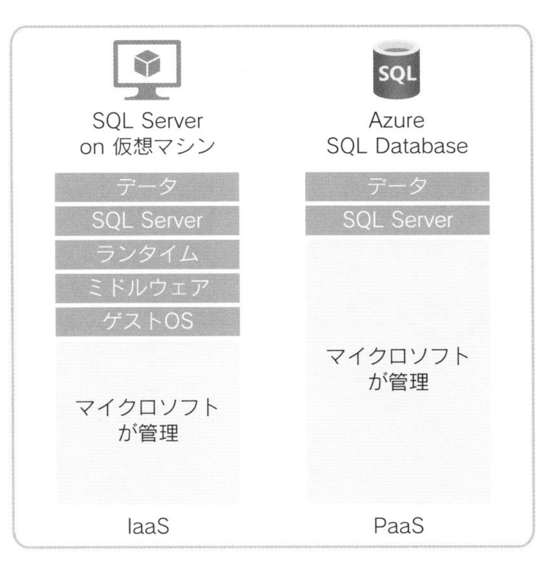

❏ 利用者が管理する対象の比較

Azure SQL Databaseを活用すると、利用者の管理対象が少なくなり、物理マシンの保守やミドルウェアのパッチ適用などの煩雑な運用作業から解放され、アプリケーション開発やチューニング、データの活用など生産的な作業に集中できるようになります。

Azure SQL Databaseの特徴

Azure SQL Databaseの特徴として、次の点が挙げられます。

- 標準で冗長化されている高い可用性
- 3種類の提供モデル

標準で冗長化されている高い可用性

同じデータセンターの異なる3台の物理サーバー上で稼働し、障害時は自動的にフェイルオーバーされます。可用性は99.99%のSLA(サービスレベルアグリーメント、サービス品質保証)が提供されています。アクティブGeo(ジオ、地理)レプリケーションで、任意のリージョンにセカンダリを作成することも可能です。**Geoレプリケーション**により、地理的に離れた場所のセカンダリに同じデータを複製・格納しておき、大規模な災害や障害時にセカンダリのデータを利用してシステムの可用性を担保することも可能です。

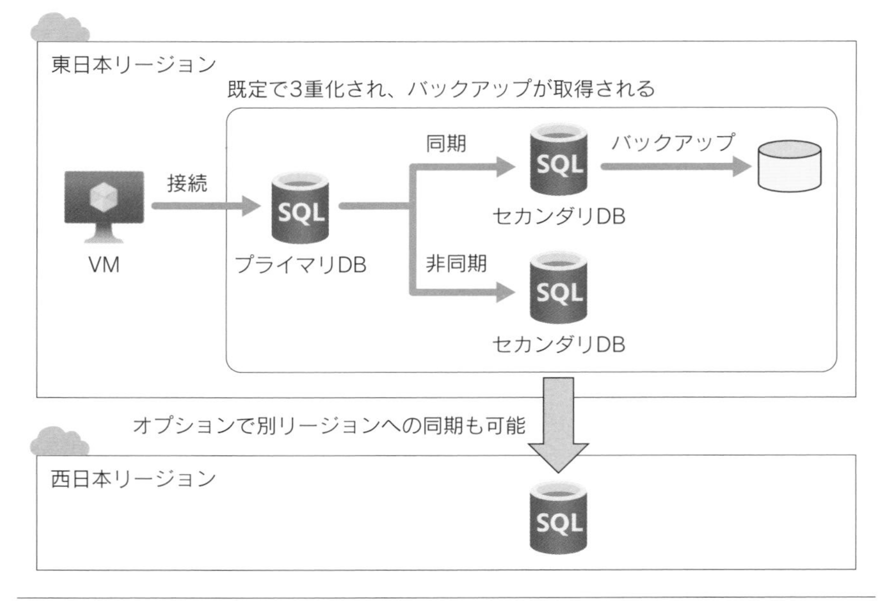

❑ Azure SQL Databaseのアーキテクチャ

3種類の提供モデル

提供モデルにはSingle、Elastic Pool、Managed Instanceの3種類があり、それぞれ次のような特徴があります。

- **Single**：データベース単位でリソース（CPU、メモリーなど）の性能を保証します。
- **Elastic Pool**：1つのリソースを複数のデータベースで共有できるので、コスト効率を高めることができます。一方、1つのデータベースが高負荷になると、他のデータベースの性能に影響が出るという利用上の注意点もあります。
- **Managed Instance**：SQL Serverとの高い互換性を持ち、PaaSとしてのバックアップなどのフルマネージドの利点を活用できます。アプリケーションにあまり手を入れたくない場合のオンプレミスからの移行先としても有効です。

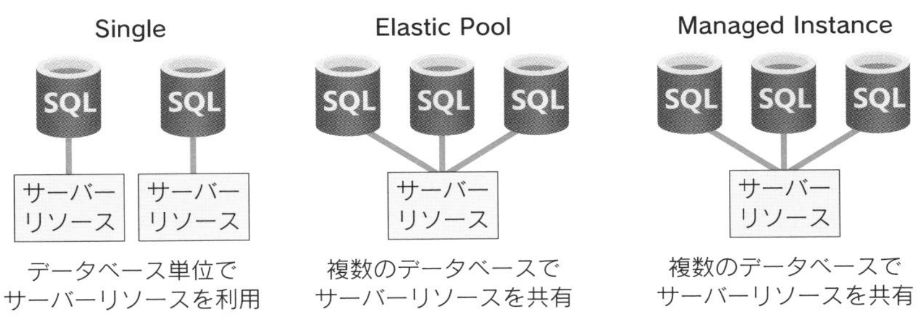

❏ Azure SQL Databaseの種類

▶▶▶重要ポイント

- SQL Databaseでは、冗長構成、バックアップ、監視、バージョンアップがフルマネージドサービスとして利用できる。
- SQL Databaseは、用途に合わせSingle、Elastic Pool、Managed Instanceの3種類から選択できる。

7-3 Azure Cosmos DB

Azure Cosmos DBは半構造化データを扱うことができ、マルチマスター（複数のリージョンに同時に書き込み可能）に対応したNoSQLデータベースのPaaSです。半構造化データとは、Excelの行・列で表現できるような構造化データでは格納できない非構造化データを、利用したい形のデータ構造に当てはめるSchema-on-Readのデータ構造をいいます。例として、IoTセンサーデータ、請求書、ユーザープロファイルなどがあります。

Azure Cosmos DBの特徴

Azure Cosmos DBの特徴は以下になります。

- 世界規模のマルチマスター
- マルチモデル・マルチAPI
- 高可用性・自動バックアップ

世界規模のマルチマスター

複数のリージョンにマスターデータベースを配置できます。1箇所のリージョンで更新されたデータは、非同期で他のリージョンへ伝達されます。

❏ シングルマスター（左）とマルチマスター（右）との比較

マルチモデル・マルチAPI

MongoDBやGremlin、Cassandraなどのオープンソースで提供されている複数のNoSQLのデータモデルが利用できます（**マルチモデル**）。それぞれのデータモデルに対応するAPIを備えており（**マルチAPI**）、これらのデータベースを利用したことのあるエンジニアは少ない学習コストで利用が可能です。また、データはJSON形式で保存できます。

高可用性・自動バックアップ

99.99％の可用性がSLA（サービスレベルアグリーメント）として提供されています。万が一リージョンに障害が発生した場合、ユーザーが設定可能な優先順位に従って別リージョンへ自動でフェイルオーバーされます。また、性能に影響を与えず4時間間隔でバックアップが取得され、バックアップデータは別リージョンにもコピーされます。

重要ポイント

- マルチマスターに対応しており、複数リージョンに同時に書き込みが可能。
- マルチモデル・マルチAPIで、ユーザーは複数のモデル・APIから選択できる。
- JSON形式で保存できる。

Column

NoSQLとRDBの使い分け

「NoSQLとRDBどっちがいいの？」という質問がよくあるのですが、どちらがよいかはシステムの要件やデータの特性によって変わってきます。

たとえば、銀行の入出金データを保存するような厳密な整合性が必須のデータではRDBが適している場合が多いです。一方、SNSのユーザー情報など様々な属性情報が付加され、高速な処理が求められるデータでは、ドキュメント型のNoSQLの柔軟な使い勝手が適している場合が多いです。

7-4

その他のデータベースサービス/分析サービス

Azureのその他のデータベースサービスと分析サービスの特徴を、まとめて紹介しておきましょう。

- Azure Synapse Analytics(旧Azure SQL Data Warehouse):膨大なデータを取り扱うデータウェアハウスであり、ビッグデータ分析のために開発された分析サービスで、超並列処理(MPP、Massively Parallel Processing)アーキテクチャを基盤としています。フルマネージドサービスのため、自動スケーリング、データ圧縮といった機能が利用可能です。また、既定で99.9%のSLA(サービスレベルアグリーメント)が保証されており、高可用性がプラットフォームとして提供されています。
- Azure HDInsight:Hadoop、Apache Spark、Apache Hive、LLAP、Apache Kafka、Apache Storm、Rなどのオープンソースフレームワークが利用可能な分析サービスです。
- Azure Database for PostgreSQL/MySQL/MariaDB:オープンソースのPostgreSQL/MySQL/MariaDBが利用可能なPaaSです。SQL Databaseと同様に、冗長構成、バックアップ、監視、バージョンアップが、フルマネージドサービスとして利用できます。
- Azure Databricks:フルマネージドのApache Sparkベースの分析プラットフォームです。ビッグデータによる機械学習にも活用できます。
- Azure Data Lake Analytics:ペタバイトクラスなどのビッグデータの分析を簡略化するオンデマンド分析ジョブサービスです。サーバーリソースの管理は必要なく、データ処理はオンデマンドで瞬時にスケーリングすることができます。料金はジョブ単位の従量課金制です。
- Azure Data Lake Storage:ビッグデータ分析用として開発されたAzure Blob Storageをベースにしたストレージサービスです。ペタバイトクラスの膨大なデータでも利用できるよう設計されており、Hadoopとの互換性もあります。
- Azure Cache for Redis:キャッシュ機能として使用されるオープンソースの

Redisが利用可能なPaaSです。セッション情報の管理やデータベースの前に配置することで読み込み応答時間の短縮、データベースの負荷軽減などに活用できます。

- **Azure Data Factory**：あらゆるデータを取り込み、分析に必要な形式に変換し、データコピーを行うことができるフルマネージドのデータ統合ソリューションです。たとえば、オンプレミスのファイルサーバーにあるデータを取り込み、必要な部分だけを抽出し、Azure SQL Databaseにデータを保存することが可能です。
- **Azure Analysis Services**：高度なマッシュアップとモデリング機能を使用して、複数のデータソースのデータの結合、メトリックの定義、一般的な用語を使用して意味を与えるセマンティックモデルとして機能し、BI（Business Intelligence）ツールとして活用できます。インメモリーで動作するため高速なのも特徴です。
- **Azure Database Migration Service（DMS）**：データベースを最小限のダウンタイムで移行できるフルマネージドなサービスです。たとえば、オンプレミスにあるデータベースをAzure SQL Databaseに移行する際、DMSで双方のデータを常に同期しておき、切り替え時のダウンタイムを短くすることが可能です。

本章のまとめ

- データベースにはRDBとNoSQLの2種類があり、Azureでは、RDBはAzure SQL Database、NoSQLはAzure Cosmos DBが代表格。
- Azure SQL Database、Azure Cosmos DBともにPaaSのため、フルマネージドな冗長構成、バックアップ、監視、バージョンアップが利用可能で、利用者は「データの活用」に集中できる。

章末問題

問題1

データセンターからAzureへの移行を計画しています。AzureサービスはPlatform as a Service（PaaS）のみを使用するのが要件です。要件を満たしているのは下記のどれでしょうか？ 1つ選択してください。

A. アプリケーションサーバーはAzure App Service、データベースはAzure SQL Databaseを移行先とする
B. アプリケーションサーバーはAzure App Service、データベースはSQLサーバーがインストールされている仮想マシンを移行先とする
C. アプリケーションサーバーは仮想マシン、データベースはAzure SQL Databaseを移行先とする

問題2

［　　　　］はフルマネージドのエンタープライズデータウェアハウスです。空欄に入る正しい用語を選択してください。

A. Azure Machine Learning
B. Azure IoT Hub
C. Azure Synapse Analytics（旧Azure SQL Data Warehouse）
D. Azure Functions

問題3

Azure SQL Databaseは［　　　　］です。空欄に入る正しい用語を選択してください。

A. Infrastructure as a Service（IaaS）
B. Platform as a Service（PaaS）
C. Software as a Service（SaaS）

問題4

Azure上でデータベースを構築することを検討しています。データベースの要件は次のとおりです。

- 複数のリージョンから同時にデータを追加可能
- JSON形式で保存が可能

この要件を満たす適切なサービスを下記から1つ選択してください。

A. Azure Cosmos DB
B. Azure Database for MySQL
C. Azure Synapse Analytics（旧Azure SQL Data Warehouse）
D. Azure SQL Database

問題5

［　　　　　　］はデータベースの移行ができるサービスです。空欄に入る正しい用語を選択してください。

A. Azure Databricks
B. Azure Functions
C. Azure App Service
D. Azure Database Migration Service

問題6

［　　　　　　］は、Apache Sparkベースの分析サービスです。空欄に入る正しい用語を選択してください。

A. Azure Databricks
B. Azure Data Factory
C. Azure DevOps
D. Azure HDInsight

章末問題の解説

✓ 解説1

解答：A. アプリケーションサーバーはAzure App Service、データベースはAzure SQL Databaseを移行先とする

Azure App Service、Azure SQL DatabaseともにPaaSであるため、移行要件を満たしていますが、仮想マシンはIaaSであるため移行要件を満たしていません。

✓ 解説2

解答：C. Azure Synapse Analytics（旧Azure SQL Data Warehouse）

Azure Synapse Analyticsはクラウドベースのエンタープライズデータウェアハウスです。

✓ 解説3

解答：B. Platform as a Service（PaaS）

Azure SQL DatabaseはPaaSに分類されます。

✓ 解説4

解答：A. Azure Cosmos DB

JSON形式で保存でき、マルチリージョンに対応しているのはAzure Cosmos DBのみです。

✓ 解説5

解答：D. Azure Database Migration Service

Azure Database Migration Serviceはデータベースを最小限のダウンタイムで移行できるフルマネージドなサービスです。

✓ 解説6

解答：A. Azure Databricks

Azure Databricksは、Apache Sparkベースの分析サービスです。Azure Data Factory、Azure DevOpsは分析サービスではありません。Azure HDInsightは分析サービスですがSparkベースではありません。

第8章
コアソリューション

前章のデータベースと同様、コアソリューションも、AI-900（Azure AI Fundamentals）試験ができたことで、2022年5月の試験改訂からAZ-900試験の出題範囲外となりましたが、本章ではAzureシステムを理解する基本知識として解説しておきます。

8-1

IoTソリューション

IoTとは「Internet of Things」の略です。家電、監視カメラ、工場のセンサー、医療機器、自動車など様々な「モノ」をインターネットに接続し、得られた情報（データ）を収集・分析してデータの見える化を行います。そして、そこから得た洞察を、関連システムやIoTデバイスにフィードバックしていく一連の仕組みのことです。

IoTのシステムを構成するには、デバイスの管理、データ収集の方法、データ分析、デバイスへのフィードバック、データの可視化など様々な仕組みを構築する必要があります。また、セキュリティや運用管理など、考えることも多く、システムとして複雑になりがちなのが課題となります。

エッジ側

ハードウェア・OS

様々なOS
RTOS、Windows IoTなど

様々なハードウェア
センサー、ロボット、ラズパイなど

様々なプロトコル
大量のトラフィック

監視・セキュリティパッチ

クラウド側

データ収集・エッジ管理

大量のデータを取りこぼすことなく受信可能か？

様々なエッジデバイスの統合管理は可能か？

許可していないエッジデバイスからのアクセスは拒否可能か？

データ保存・統合

安全にデータを保存することは可能か？

様々なフォーマットのデータを統合することは可能か？

分析・制御

リアルタイムに状況を分析することは可能か？

今後の傾向を予測することは可能か？

❑ IoTシステムの課題の例

IoTソリューションの特徴

Azureでは、これらの仕組み作りや課題解決のためのソリューションが提供されています。代表的なサービスとして次のものがあります。

- 数十億台のデバイスの接続・データ収集をするAzure IoT Hub、Azure Event Hubs
- 低コストにリアルタイム分析を行うAzure Stream Analytics

Azure IoT Hub

デバイスとクラウド間で、安全で信頼性の高い通信を実現するためのサービスです。数十億台のデバイスとの双方向通信、デバイスごとの認証、デバイス管理などの機能を、フルマネージドで提供します。

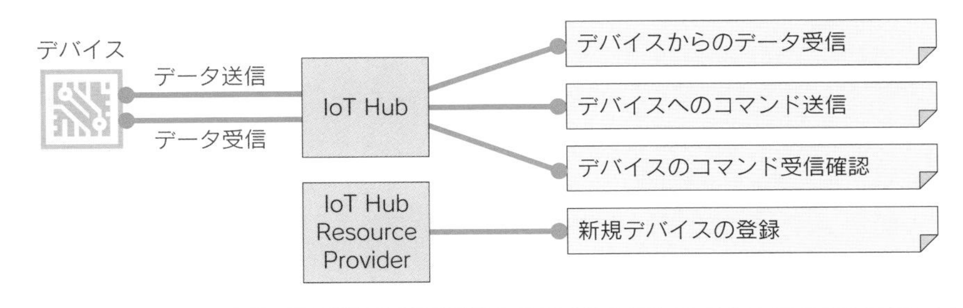

❑ Azure IoT Hubの基本機能

Azure Event Hubs

ビッグデータのストリーミングデータを取り込むフルマネージドのPaaSです。データの取り込み、バッファ、格納、処理をリアルタイムで行い、アクションにつながる分析情報を取得できます。

Azure Stream Analytics

ストリームデータをリアルタイム処理するサービスで、Azure IoT Hubからの膨大なデータを取得して処理します。リアルタイム分析機能を低コストで実装できます。フルマネージドで提供されるため、運用保守に利用者が手間をかけることなく利用できます。「入力→クエリ→出力」をジョブとして定義でき、任意のタイミングで開始・停止が行えます。

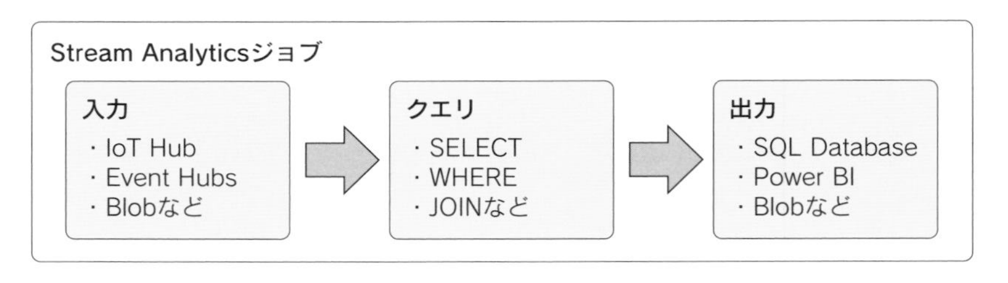

❏ ジョブの例

▶▶▶重要ポイント

- データの収集はAzure IoT Hub/Azure Event Hubsで行う。
- データのリアルタイム分析はAzure Stream Analyticsで行う。

Azure IoT Central

SaaSとして利用可能なIoT向けのアプリケーションプラットフォームです。容易にカスタマイズ可能なIoTソリューションを構築し、デバイスの接続、データの収集、分析、可視化を効率的に行うことができます。

Azure Sphere

IoTデバイスのセキュリティを強化するために設計されたOS、マイクロコントローラーユニット、セキュリティサービスからなるIoTプラットフォームです。Azure Sphereの活用によりIoTデバイスを安全に接続、管理、保護することができます。

8-2

AIソリューション

Azure にはAIシステムの構築を支援する2つのサービス群があります。

- Azure Cognitive Services：学習済みのモデルをAPIで利用できる。
- Azure Machine Learning：利用者がデータを用意し独自の学習モデルを構築するための開発プラットフォームを提供する。

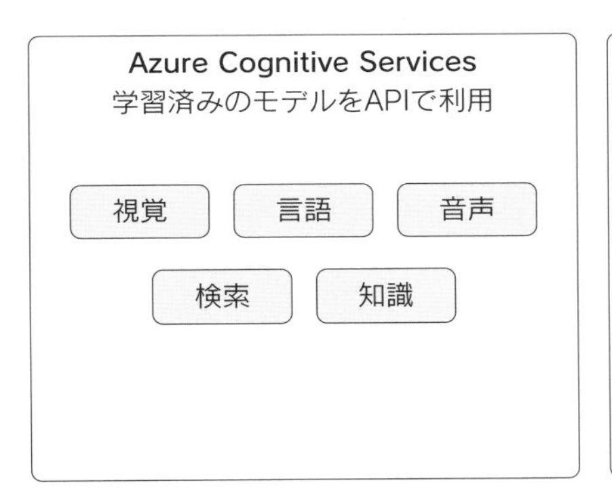

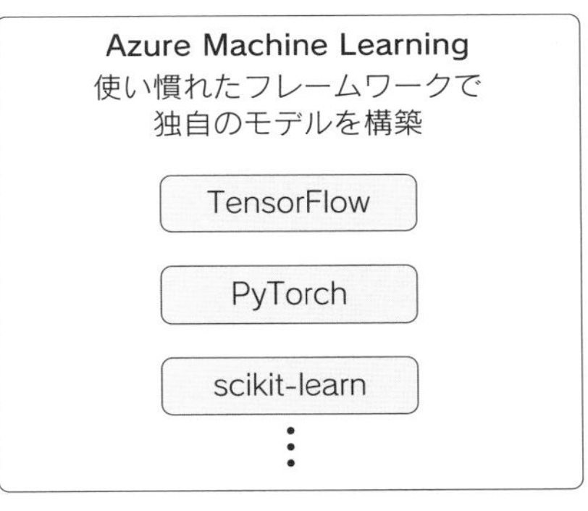

❑ AzureでのAIソリューション

Azure Cognitive Services

Azure Cognitive Servicesは、機械学習の専門知識がない利用者でも手軽に利用ができる、学習済みのモデルをAPIで使えるサービスです。モデルとしては、視覚、言語、音声、意思決定、検索などのカテゴリーごとのAPIが用意されています。たとえば、英語での文章/音声を日本語に変換するAPIや、画像を読み込み人物や物体などのオブジェクトを識別する画像認識APIなどが利用できます。

視覚
画像と動画のコンテンツ分析、
オブジェクトの検出など

言語
自然言語を解釈、翻訳、
キーフレーズの検出など

音声
テキスト化・音声の変換、
リアルタイムの音声翻訳など

決定
時系列の異常検知、
不適切なコンテンツの検出など

❏ Azure Cognitive Servicesの機能イメージ

Azure Bot Serviceとの組み合わせ

Azure Bot Serviceは、チャットでのやり取りにおいてシステムが自動的に応答するボットの作成・開発・公開などを行うことができるフルマネージドサービスです。Cognitive ServicesのAPIとこのBot Serviceを組み合わせることで、高度なボットを簡単に開発することができます。

▶▶▶ 重要ポイント

- Cognitive ServicesはAPIを自身のアプリケーションに組み込むことで簡単に使うことができる。

Azure OpenAI Service

Azure OpenAI ServiceはOpenAI社が提供するChatGPT、GPT-3/3.5/4、DALL·E、CodexをAzure上から利用できるサービスです。特徴として利用者のデータはAIモデルのトレーニングには利用されず、またAzure内のリソースからはプライベートなネットワークでセキュアにアクセスすることが可能です。

Azure Machine Learning

Azure Machine Learningは、機械学習モデルのトレーニング、デプロイ、管理、監視を提供するフルマネージドサービスです。初学者からデータサイエンティストまで幅広い利用者のニーズに対応できるように、直感的なユーザーインターフェイスを備えており、PyTorchやTensorFlowなどのオープンソースフレームワークを使用することが可能です。また、膨大なデータを扱うことができるスケーラブルなソリューションとなっています。

その他のAIソリューション

Azureには他にもAIソリューションがあります。

Azure Machine Learningデザイナー

ドラッグ&ドロップでデータセットとモジュールを直感的に接続することで学習モデルを作成できる機能が**Azure Machine Learningデザイナー**です。作成したモデルに対してAPIを発行できるため、外部サービスから簡単に呼び出すことも可能です。

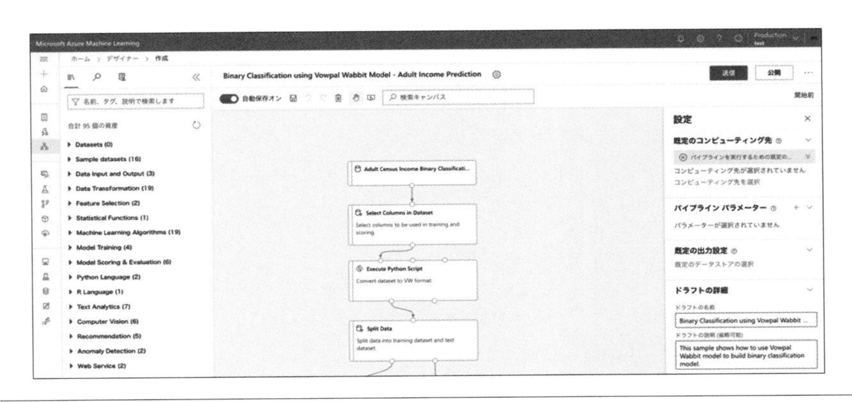

❏ Azure Machine Learningデザイナーの画面イメージ

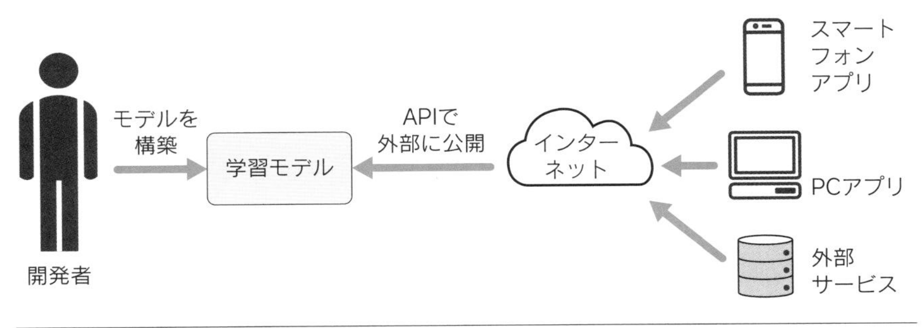

❏ APIでの外部公開イメージ

Notebook

Azure Machine LearningのワークスペースからJupyter Notebookが利用でき、コードファーストでの学習モデルの構築ができます。共有ノートブックにより、チームでの共同開発が行えます。

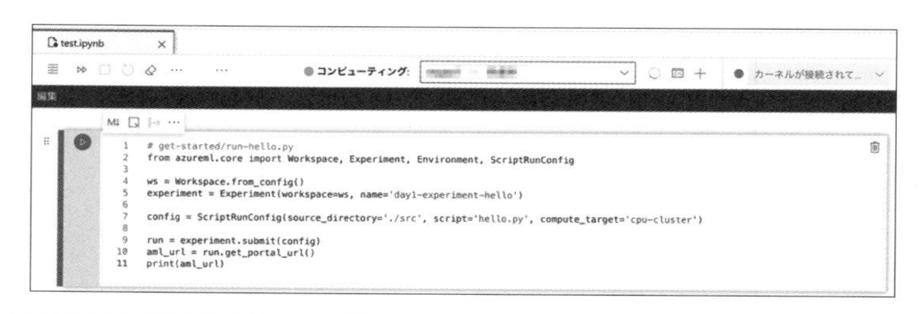

❏ Notebookの画面イメージ

自動機械学習（AutoML）

機械学習モデルの開発において多くの時間を要する反復的なタスクを自動化する機能です。利用者は、モデルの品質を維持しながら高い効率性、生産性でモデルを構築でき、データを活用するためのクリエイティブなタスクに集中できます。

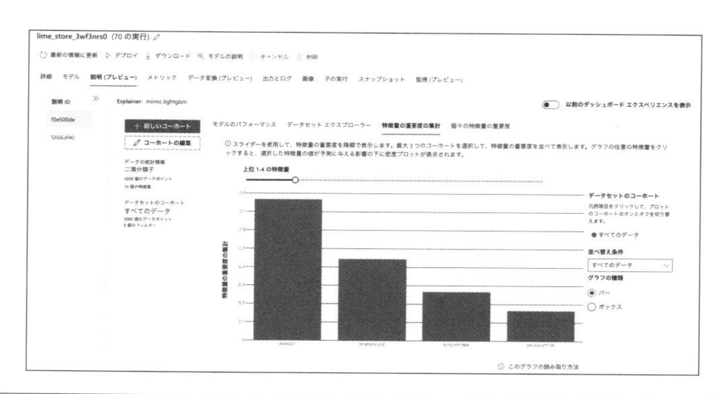

❏ 自動機械学習（AutoML）の画面イメージ

▶▶▶ 重要ポイント

- 利用者自身がモデルを作成する場合、Machine Learningデザイナーを利用することで、初学者でも直感的に学習モデルを作成できる。

8-3 ノーコード/ローコードソリューション

近年、ノーコード/ローコードというキーワードが話題になっています。従来のアプリケーションは開発者がコードを作成し開発してきましたが、コードを一切書かずにアプリケーションを開発（ノーコード）、または極力少ないコードでアプリケーションを開発（ローコード）できる仕組みにより、開発者でない人でも簡単にアプリケーションを作成できるようになってきました。

Azureにはノーコード/ローコードを実現する複数のサービスが用意されていますが、ここでは代表的なPower Appsについて紹介します。

ローコードで開発できるPower Apps

Power Appsは、スマートフォンやPC向けの高度なアプリケーションをローコードで開発できるプラットフォームです。

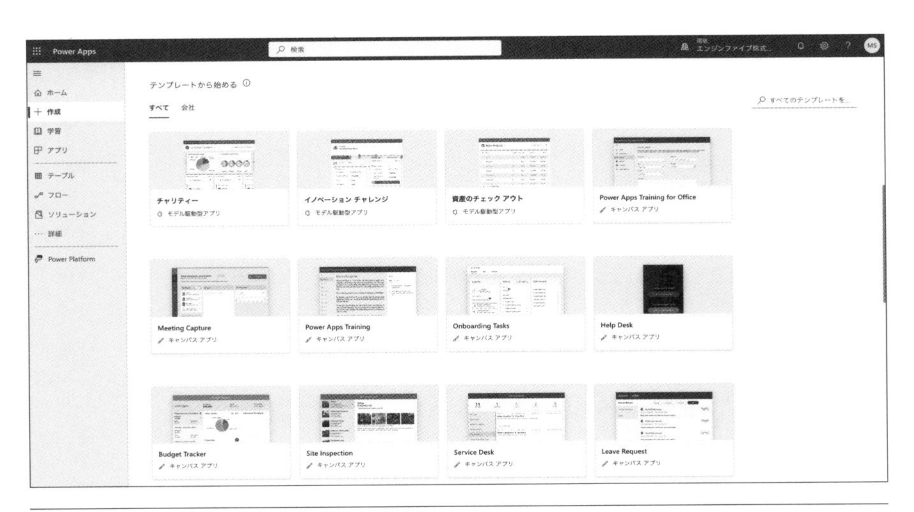

❑ Power Appsのテンプレート選択画面

270を超えるサードパーティ製プラットフォームとの接続にも対応しており、開発にかかる工数、時間を短縮しつつ大規模なアプリケーション開発も行えます。また、テンプレートが数多く用意されており、作成したいアプリケーションに近いものを選択し、カスタマイズして利用することも可能です。

重要ポイント

- Power Appsによって、ローコードで迅速にアプリケーションを開発できる。

本章のまとめ

- 学習済みのモデルを使用できるAzure Cognitive Servicesによって、AIソリューションを簡単に開発できる。
- Azure Machine Learningデザイナーを利用することにより、初学者でも直感的に学習モデルを作成できる。
- プログラミングを学習したことがない人でも、Power Appsによってローコードによるアプリケーション開発が可能。

章末問題

問題1

[　　　　　　]は収集したデータから学習モデルを作成し、高い精度の予測を行うサービスです。空欄に入る正しい用語を選択してください。

A. Azure Machine Learning
B. Azure IoT Hub
C. Azure Bot Service
D. Azure Functions

問題2

[　　　　　]は大量のセンサーからのデータを処理するサービスです。空欄に入る正しい用語を選択してください。

A. Azure Machine Learning
B. Azure IoT Hub
C. Azure Bot Service
D. Azure Functions

問題3

Android OSのタブレットでAzure上の仮想マシンを作成したいと考えています。この場合、Power Appsを利用するのは正しい選択ですか？

A. はい
B. いいえ

問題4

[　　　　　]は学習済みのAPIを利用し、簡単にAIアプリケーションの開発を行えるAzureサービスです。空欄に入る正しい用語を選択してください。

A. Azure Advisor
B. Azure Cognitive Services
C. Azure Application Insights
D. Azure DevOps

問題5

[　　　　　]は反復的なタスクを自動化する機能で、機械学習モデルの開発を効率化します。空欄に入る正しい用語を選択してください。

A. Notebook
B. Azure Machine Learningデザイナー
C. 自動機械学習（AutoML）
D. Power Apps

問題6

ノーコード/ローコード開発で迅速にアプリケーションを開発できるサービスは次のうちどれですか？

A. Azure IoT Hub
B. Azure Bot Service
C. Azure Functions
D. Power Apps

問題7

センサーから収集したデータをリアルタイムに分析したいと考えています。最適なサービスは下記のうちどれですか？

A. Azure IoT Hub
B. Event Hubs
C. Azure Stream Analytics
D. Azure Functions

問題8

SaaSとして利用できるIoT向けアプリケーションプラットフォームは以下のうちどれですか？

A. Azure Sphere
B. IoT Central
C. IoT Hub
D. IoT Device

章末問題の解説

✓解説1

解答：A. Azure Machine Learning

Azure Machine Learningを利用し、収集したデータからトレーニングを行い、学習モデルを作成します。この学習モデルを利用することで、高い精度の予測を行うことができます。

✓解説2

解答：B. Azure IoT Hub

Azure IoT Hubは大量のセンサーからのデータを処理するサービスです。

✓解説3

解答：B. いいえ

Power Appsは高度なスマートフォン、パソコン用のアプリケーションをローコードで開発できるプラットフォームであり、Power Appsポータルから仮想マシンを作成することはできません。

Column

Azureアーキテクチャセンター

クラウド上でのアプリケーション開発は、フルマネージドな機能を組み合わせることで、開発時間、開発工数、運用の手間を極力減らすことができます。これは、利用者にとって大きなメリットです。一方、Azureで提供されているフルマネージドサービスの種類はとても多く、どのように組み合わせればよいのか悩んでしまうことも少なくありません。

そのときに参考になるのがAzureアーキテクチャセンターです。利用用途ごとにAzureのサービスをどのように組み合わせて、どのように活用すればよいのか？ セキュリティ、運用、コストはどのように考えればよいのか？ などの情報が記載されているので、悩む前に目を通してみるとヒントが得られるかもしれません。

📖 Azureアーキテクチャセンター

URL https://docs.microsoft.com/ja-jp/azure/architecture/

✓ 解説4

解答：B. Azure Cognitive Services

Azure Cognitive Servicesは、視覚、音声などの学習済みのAPIを提供します。このAPIを利用することで、AIアプリケーションを簡単に開発することができます。

✓ 解説5

解答：C. 自動機械学習（AutoML）

自動機械学習（AutoML）は、機械学習モデルの開発において多くの時間を要する反復的なタスクを自動化する機能です。

✓ 解説6

解答：D. Power Apps

Power Appsはローコードで迅速にアプリケーションを開発できるサービスです。

✓ 解説7

解答：C. Azure Stream Analytics

Azure Stream Analyticsは、データのリアルタイム分析を行うサービスです。Azure IoT HubとEvent Hubsはデータをリアルタイム処理するサービスですが、分析を行うためのサービスではありません。Azure Functionsは、分析するためのアプリケーションを開発することでリアルタイム分析を行うことも可能ですが、Azure Stream Analyticsと比較して実装と運用が複雑です。Azure Stream Analyticsではできない複雑な分析を行う場合は、Azure Functionsを利用する場合もあります。

✓ 解説8

解答：B. IoT Central

IoT CentralはSaaSとして利用可能なIoT向けのアプリケーションプラットフォームです。

第9章
管理ツール

第9章では管理ツールについて説明します。主なツールとして、Azure Portal、Azure CLI、Azure Marketplace、Azure Resource Manager、Azure Monitor、Azure Advisor、Azure Service Healthを取り上げます。

9-1

Azureの管理操作

Azureは、Azure Portalを使用したグラフィカルなWeb画面上の操作と、繰り返し作業が行いやすいコマンドレベルの操作のいずれかで管理操作を行います。

Azure Portal

Azureの利用者は、**Azure Portal**（https://portal.azure.com/）というWebのグラフィカルな統合コンソールを使って、Azure上のリソースの作成・変更・削除ができます。利用者はAzure Portalの画面に表示されるメニューやアイコンをクリックし、画面の指示に従って操作をすることで、Azure上に自身のシステムを構築・管理できます。

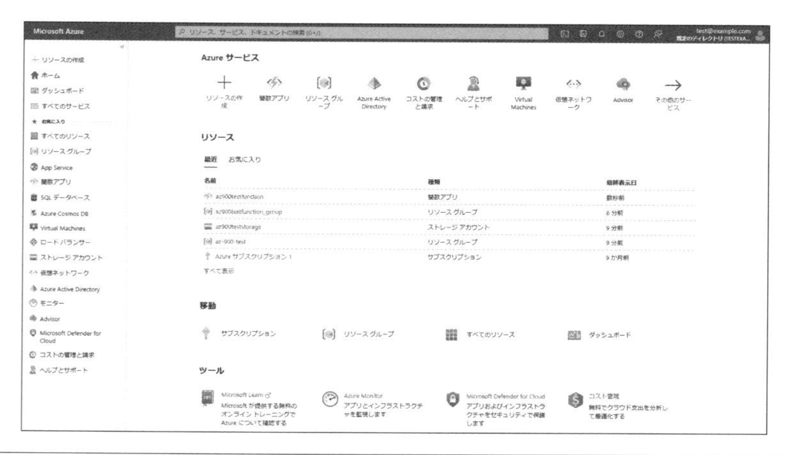

❏ Azure Portalホームビュー

Azure Portalは用途に合わせて柔軟にカスタマイズできます。上図で示したホームビューが初期画面ですが、画面上部のポータルの設定アイコンをクリックすることで、表示言語や配色テーマを変更できます。

また、タイル状に必要な情報を一画面で見られる**ダッシュボードビュー**を使用し、Azure Portalにアクセスした際に必要な情報を一元的に把握できるようにカスタマイズできます。

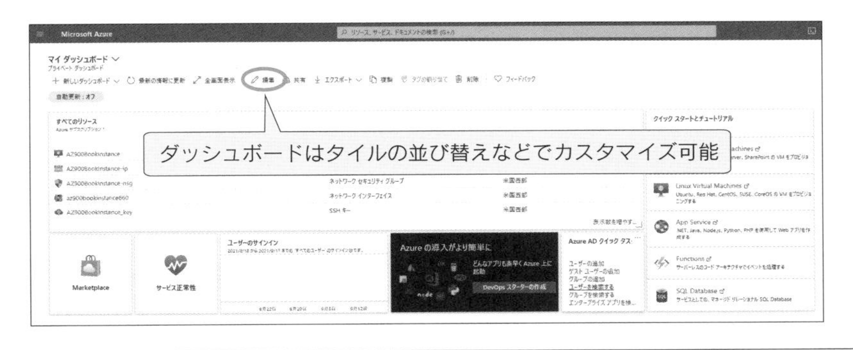

❑ Azure Portalダッシュボードビュー

Azure Portalのホーム画面左上の3本線のハンバーガーメニューをクリックすると、画面左側に**ポータルメニュー**が表示されます。

リソースの作成は、ポータルメニューの「リソースの作成」から実行できます。作成したリソースは、同じようにポータルメニューから、それぞれのリソース管理画面にアクセスし、設定変更やリソース削除などの管理ができます。

❑ Azure Portalポータルメニュー

Azure PowerShell、Azure CLI、Azure Cloud Shell

Azureは、Azure Portalによるグラフィカルな管理画面での操作以外に、コマンド操作でもリソースを管理できます。管理コマンドは、通常は利用者が所有しているパソコンなどから**Azure PowerShell**(PowerShellベース)、あるいは**Azure CLI**(コマンドラインインターフェイス、Pythonベース)を使用して実行します。

Azure Portalには、**Azure Cloud Shell**というWebベースのターミナル機能が組み込まれていて、Azure PowerShellとAzure CLI コマンドを使用して、Azure Portalから移動せずにリソースをコマンド操作で管理できます。Azure Cloud Shellは、Azure Portalから呼び出して操作する方法以外に、URL(https://shell.azure.com/)で直接アクセスするなど複数のアクセス方法があります。Azure Cloud Shellを使えば、Azure PowerShellやAzure CLIのSDK(開発ツール)のインストールが難しいモバイルデバイスからでも、コマンドを使ってAzureのリソースを管理できます。

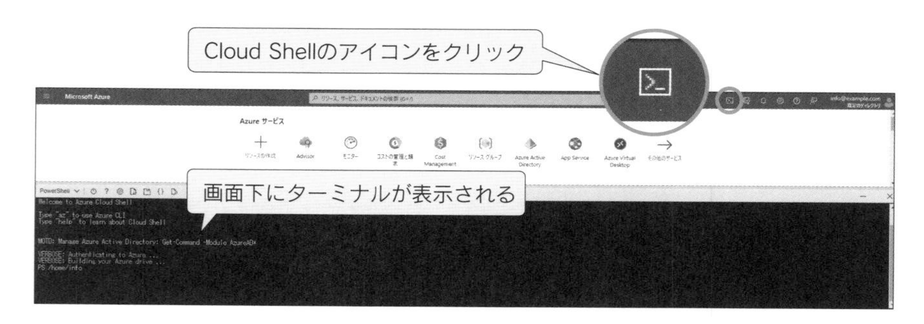

❏ Azure Cloud Shell

Azure Marketplace

Azureでは、リソースを初期状態から作成する方法以外に、**Azure Marketplace**(https://azuremarketplace.microsoft.com/)で公開されている事前構成済みのアプリケーションやテンプレートを利用して、リソースを作成できます。

たとえば、Azure Marketplaceで公開されているテンプレートを使って仮想サーバーを構築することで、仮想サーバーの作成直後の段階からマルチノードのクラスター構成にすることもでき、アプリケーションサーバー導入済みの仮想サーバーが利用できます。

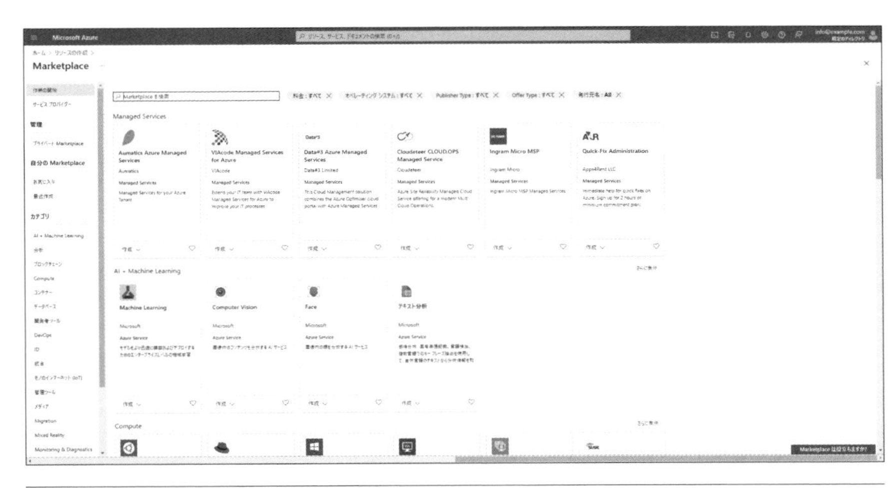

❑ Azure Marketplace

▶▶▶重要ポイント

- Azureの主なシステム管理は、グラフィカルな管理画面のAzure Portalを使用する方法と、Azure PowerShellやAzure CLIを使用してコマンドで操作する方法がある。
- Azure Cloud Shellを使用すれば、Azure PowerShellやAzure CLIをインストールしなくてもコマンドでAzureを管理できる。

Azure Resource Manager

Azure Resource Managerとは

Azure Resource Managerは、Azure内のリソースの作成・更新・削除を担うマネージドサービスです。しばしば「ARM(アーム)」と省略されます。Azureでは、Azure Portal、Azure PowerShell、Azure CLIなど複数の方法でリソースの管理を行うことができますが、これらのインターフェイスからのリソース管理要求は必ずARMを経由します。ARMは受け取った要求内容を解釈し、Azure Active Directory(Microsoft Entra ID)と連携して認証・認可制御を行うなど、リソース管理における門番の機能を備えた統一窓口として機能します。

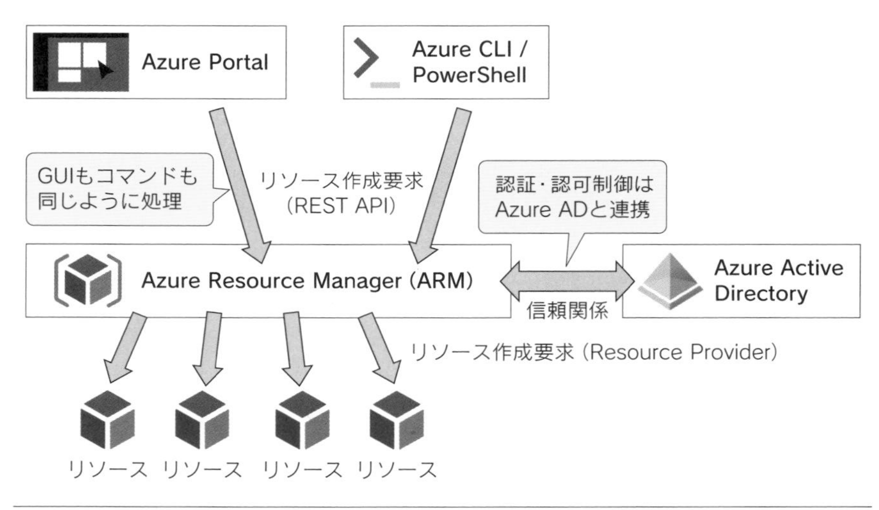

❏ Azure Resource Manager

Azure Resource Managerテンプレート

Azure Resource Managerテンプレート(ARMテンプレート、ARM Template)は、リソース作成をする際に参照される、リソース構成の定義情報を記載したJSON形式のファイルです。リソースの繰り返し再作成作業の自動化などに効果を発揮します。ARMテンプレートは複数のリソースの構成を定義できます。また、作成するリソースに親子関係などがある場合は、親リソース作成後に子リソースの作成を行わせるなど、依存関係を定義することもできます。

▶▶▶重要ポイント

- Azureのリソース作成は、Azure Resource Manager（ARM）というマネージドサービスを経由して行われる。
- ARMテンプレートはJSON形式でリソース構成情報を定義したもので、リソース作成の繰り返し作業に活用される。

コードとしてのインフラストラクチャ（IaC）

IaCは「Infrastructure as a Code」の略称で、構成をコードで定義し、インフラストラクチャの構築・運用を行うことです。IaCを用いることにより、一貫性のあるインフラストラクチャを繰り返し作成でき、設定エラーなど、ヒューマンエラーを最小限に抑えるなどのメリットがあります。

Azureでは前述のARMテンプレート、より簡潔な構文で定義できるBicep、サードパーティのTerraformを利用することが可能です。

9-2 Azure Monitor

クラウドでの運用管理

クラウド上のシステムもオンプレミス上で稼働するシステムと同様に、死活・性能・ログの管理を行うことで、突発的な障害の早期発見や未然防止、最適化に役立てることができます。

Azureではこれらの運用管理を行う機能がフルマネージドで提供されており、運用管理のためのシステムの構築や運用操作などは基本的に必要ありません。もしAzureで提供される運用管理サービスで要件が満たせない場合は、サードパーティの運用管理サービスを組み合わせて運用することもできます。

Azureのフルマネージドの運用管理サービスのうち、まずはAzure Monitorを紹介しましょう。

Azure Monitorの特徴

Azure Monitorは、インフラストラクチャの性能監視、アプリケーション監視、ログ管理など、複数の機能が統合されたフルマネージドサービスです。また、別のサブスクリプションのリソースを監視することも可能です。主な機能は次のとおりです。

- インフラストラクチャの性能管理と通知：メトリック(Metrics)とアラート(Alert)
- アプリケーションと依存関係の問題を検出・診断：Application Insights
- ログの統合管理と横断的なログ検索：Log Analytics

特徴としては次の点が挙げられます。

- オンプレミスの運用管理もできる
- 監視対象に合わせて可視化を行う機能がある

- メトリックで収集した情報を時系列で確認できる
- アラート設定で異常値を検知できる
- Application Insightsによりアプリケーションの監視、ログ管理が行える
- ログを統合管理する際はLog Analyticsを活用できる

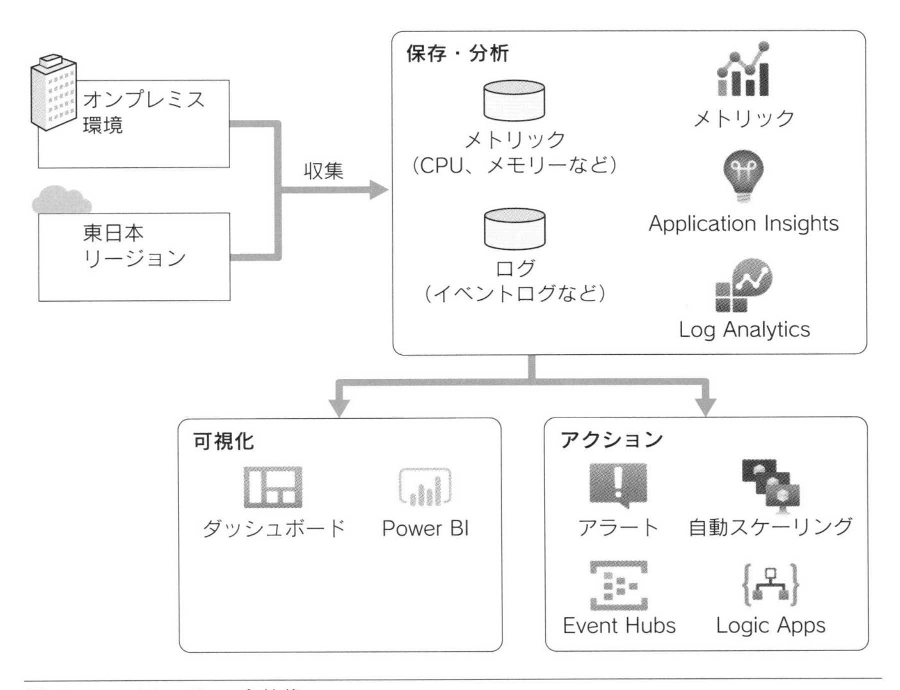

❑ Azure Monitor全体像

オンプレミスの運用管理もできる

Azure Monitorは、Azure上のリソースを管理するだけでなく、オンプレミス上のリソースも管理対象とすることができます。そのため、ハイブリッド環境での統合監視をフルマネージドな運用管理機能で実現し、運用担当者の負担を軽減します。

監視対象に合わせて可視化を行う機能

監視対象に合わせて簡単な設定で可視化を行う機能があります。

- VM Insights：仮想マシン

- Container Insights：コンテナー
- Network Insights：ネットワーク

たとえばVM Insightsでは、Azure上のWindows Server/Linux Serverだけでなく、オンプレミス、他クラウドの仮想マシンも監視可能です。監視データは、Azure Monitorログに格納され、VMの公開ポートや他リソースとの関連性、性能などを、Azure Monitorでマップとして可視化できます。

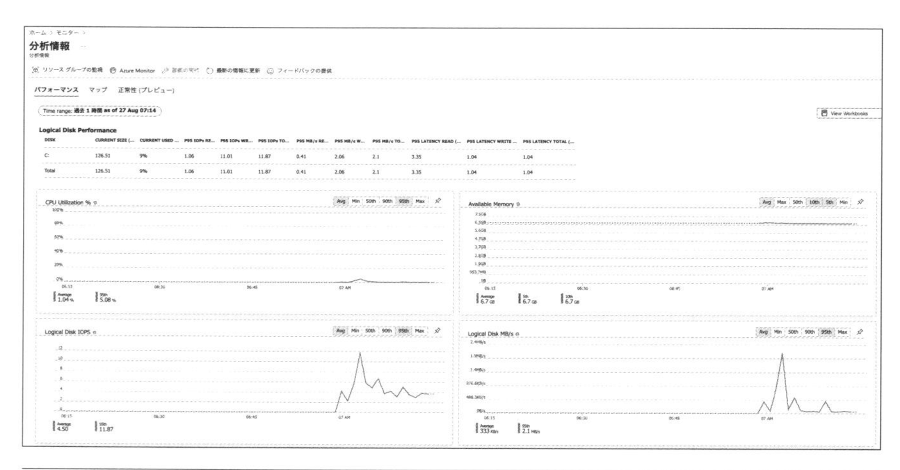

❏ Azure Monitorでの表示イメージ1

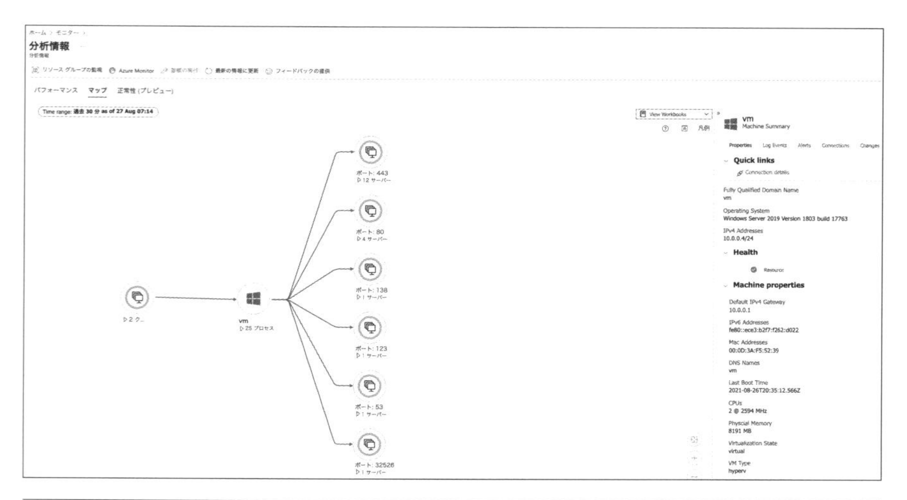

❏ Azure Monitorでの表示イメージ2

メトリックで収集した情報を時系列で確認できる

メトリック（Metrics）は、監視対象からCPU、メモリーなどの数値データを時系列で収集する機能です。収集したデータはAzure Portalからグラフで確認することができます。

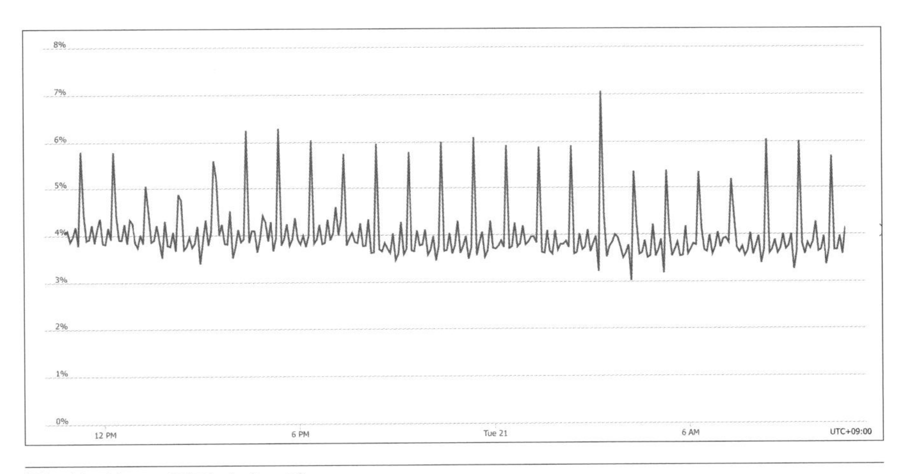

❑ メトリック画面イメージ

アラート設定で異常値を検知できる

アラート（Alert）は、メトリックで収集したデータが一定の条件（CPUの使用率が90%を超えたなど）を満たすと、メールや電話などで通知する機能です。通知先はアラートグループで設定し、複数の通知先に同時に送ることも可能です。

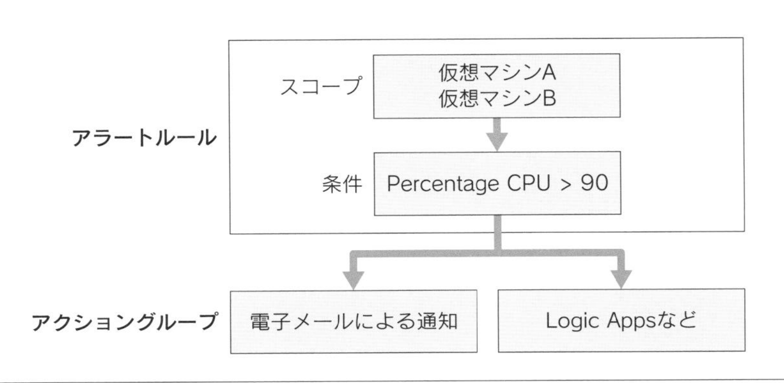

❑ アラート設定イメージ

Application Insightsにより アプリケーションの監視、ログ管理が行える

Application Insightsは、アプリケーションのパフォーマンスや使用状況を把握することができるフルマネージドなアプリケーションパフォーマンス管理（APM）サービスです。オンプレミス、パブリッククラウド上で稼働している.NET、Node.js、Java、Pythonなど、様々なプラットフォーム上のアプリケーションで利用できます。

以下に、Application Insightsで管理可能な対象の一例を挙げます。

- 要求レート、応答時間、およびエラー率
- 依存率、応答時間、およびエラー率
- ページビューと読み込みのパフォーマンス
- WebページからのAJAX呼び出し
- ユーザー数とセッション数
- アプリケーションの診断トレースログ

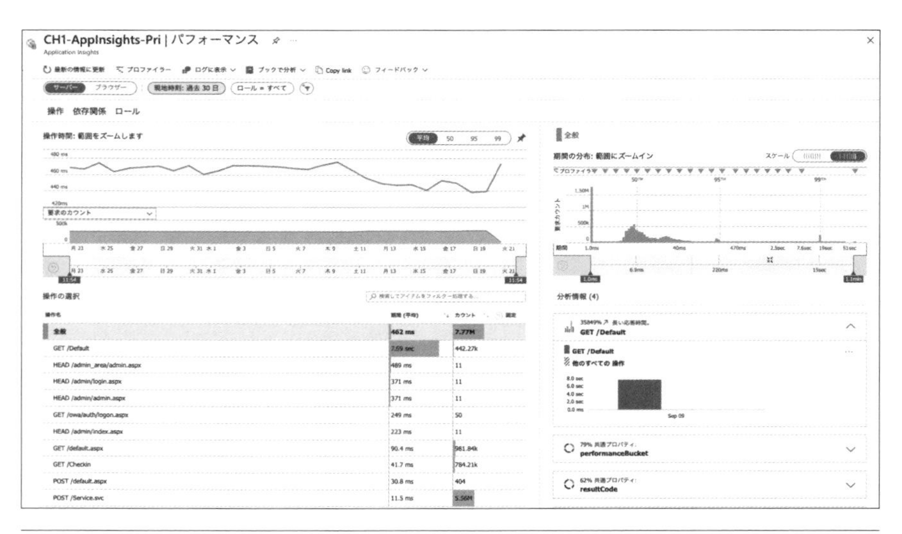

❏ Application Insightsのアプリケーションパフォーマンス監視イメージ

ログを統合管理する際はLog Analyticsを活用できる

Log Analyticsは、オンプレミス、クラウド上のログデータの収集・保存・分析を行う総合監視サービスです。Windowsイベントログ、Linux Syslogなども簡単に取得できます。

取得したログデータに対して定期的にクエリを発行し、特定の条件("Error"というキーワードが見つかったなど)をトリガーに、前述のアラート(Alert)と連携して通知することができます。また、Application Insightsで取得したデータをLog Analyticsに保存できます。

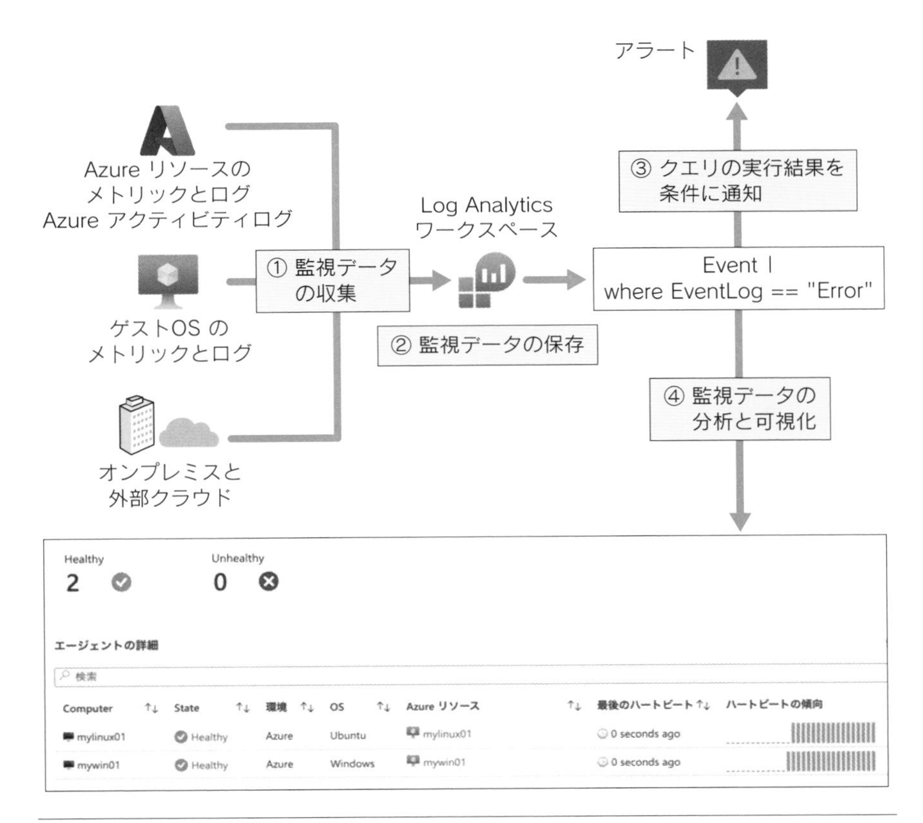

❏ Log Analytics利用イメージ

9-3

Azure Advisor

Azure Advisorは対象となるAzure環境とマイクロソフトのベストプラクティスを照らし合わせて、リソース構成と利用統計情報を分析します。そして、ネットワーク設定やセキュリティ強化、コスト削減など、システムを最適な状態にする様々なアドバイスを推奨事項として案内します。

5つの観点から推奨事項を確認できる

分析結果として、「**コスト**」「**セキュリティ**」「**信頼性**」「**オペレーショナルエクセレンス（運用性）**」「**パフォーマンス**」の5つの観点から、システムを最適化するための推奨事項がダッシュボードに表示されます。

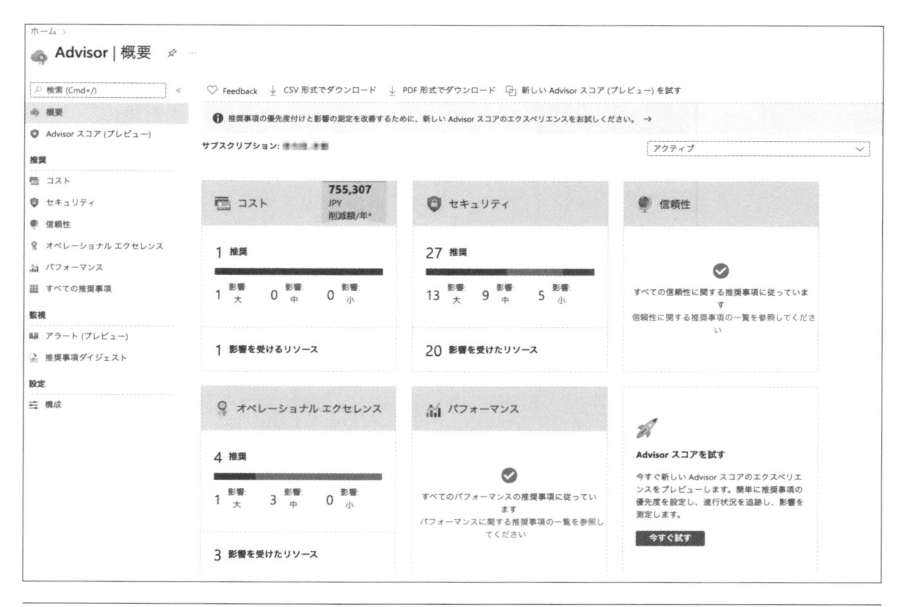

❏ Azure Advisorの推奨事項表示の画面イメージ

ダッシュボードの各推奨事項をクリックすると、詳細な内容を確認できます。定期的にこの内容を確認し、システムを健全に保つことが重要です。

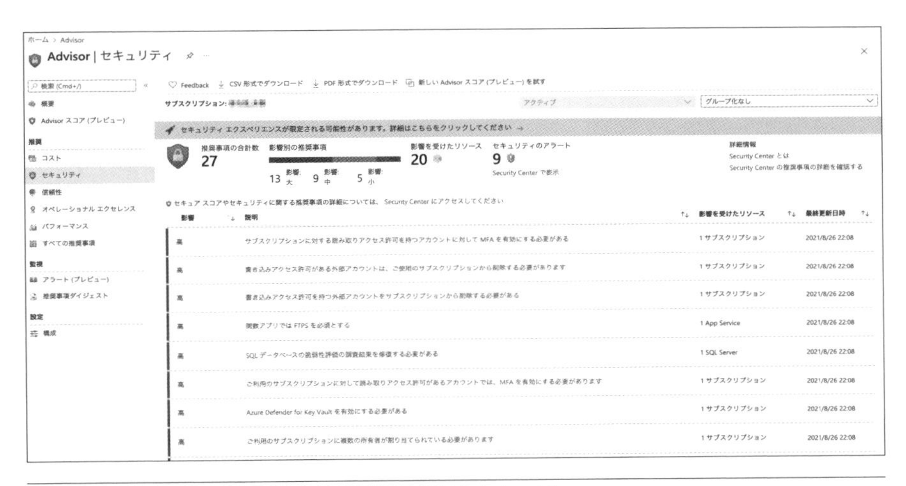

❏ Azure Advisorの推奨事項詳細の画面イメージ

▶▶▶重要ポイント

- Azure Advisorはシステムを最適化するための推奨事項を自動的に案内してくれる。
- 推奨事項の内容は、ネットワーク、セキュリティ、コストなど多岐にわたる。

Column

Well-Architected Framework

マイクロソフトのベストプラクティスは、**Azure Well-Architected Framework**としてドキュメントにまとめられており、「コスト」「パフォーマンス」「信頼性」「オペレーショナルエクセレンス」「セキュリティ」の5つのテーマごとに詳細な内容が書かれています。

最初は少し難解かもしれませんが、クラウドの理解を深めるために一読することをおすすめします。

📖 Microsoft Azure Well-Architected Framework

URL https://docs.microsoft.com/ja-jp/azure/architecture/framework/

9-4 Azure Service Health

クラウドはマネージドな機能で利用者の負担を減らすことができますが、クラウド事業者側でのメンテナンス（ハードウェアの入れ換えやアップデートなど）や予期せぬ障害が発生することがあります。利用者はシステムを安定して稼働させるために、これらのイベントを確実に把握し、迅速で最適な対応をとることがとても重要です。

通知を行うAzure Service Health

Azure内の計画メンテナンスや大規模障害が発生した場合に、利用者が通知を受け取るサービスが**Azure Service Health**です。計画メンテナンスの予定を忘れないようにするのはもちろんですが、障害などのインシデントが発生したときに迅速に対応するために有効なサービスです。

Azure Service Healthは、Azure Portalの**Help + Support**（ヘルプとサポート）から確認できます。現在発生中、または過去に発生した障害履歴を確認することができます。

❑ Azure Service Healthから過去の障害履歴を確認する画面イメージ

リージョン、サービス、イベントを指定して通知を行う

Azure Service Healthは、リージョン、サービス、イベントを、次の流れで設定して、アラートルールを作成し、通知を行います。

1. 対象のサブスクリプション、サービス、リージョン、イベント（サービスの問題、計画メンテナンス、正常性の勧告、セキュリティアドバイザリ）を選択
2. アクショングループの選択/作成
3. アラートルールの詳細を記述し、「アラートルールの作成」を行う

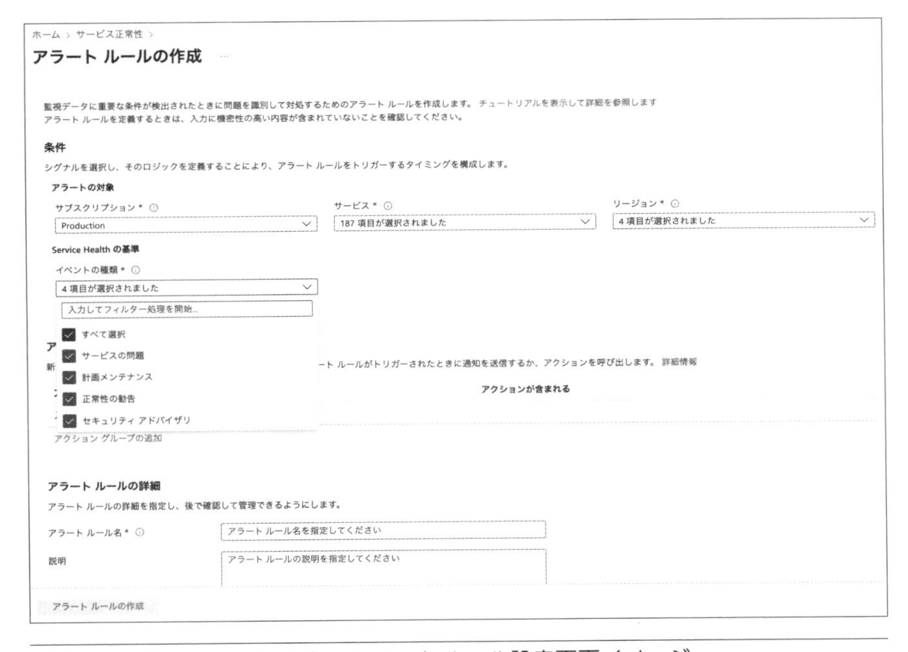

❏ Azure Service Healthのアラートルール設定画面イメージ

▶▶▶ 重要ポイント

- メンテナンスや大規模障害は、Azure Service Healthで通知を受ける。
- Azure Service HealthはAzure PortalのHelp＋Supportから確認できる。

9-5 Azure Arc

Azure Arcは、Microsoft Azureの一部として提供されるハイブリッドクラウドソリューションです。Azure Arcを使用すると、オンプレミス環境や他のクラウド環境など、Azure外のリソースをAzureの一部として管理・監視できます。

主要機能とメリットは以下のとおりです。

- **リソースの一元管理**：Azure PortalやAzure CLI、Azure PowerShellなどのツールを通じて、オンプレミスや他のクラウド環境に展開されたサーバー、コンテナ、データベースなどのリソースを一元的に監視・制御することが可能になります。
- **Azureサービスの利用**：データベースサービスなどAzure Arcに対応しているAzureサービスをオンプレミス、他のクラウド環境上で利用することができます。
- **コンプライアンスとセキュリティ**：Azure Arcは、オンプレミスや他のクラウド環境のリソースに対して、Azureのセキュリティ機能やポリシーを適用することができ、統一されたセキュリティ管理とコンプライアンスへの対応が可能となります。

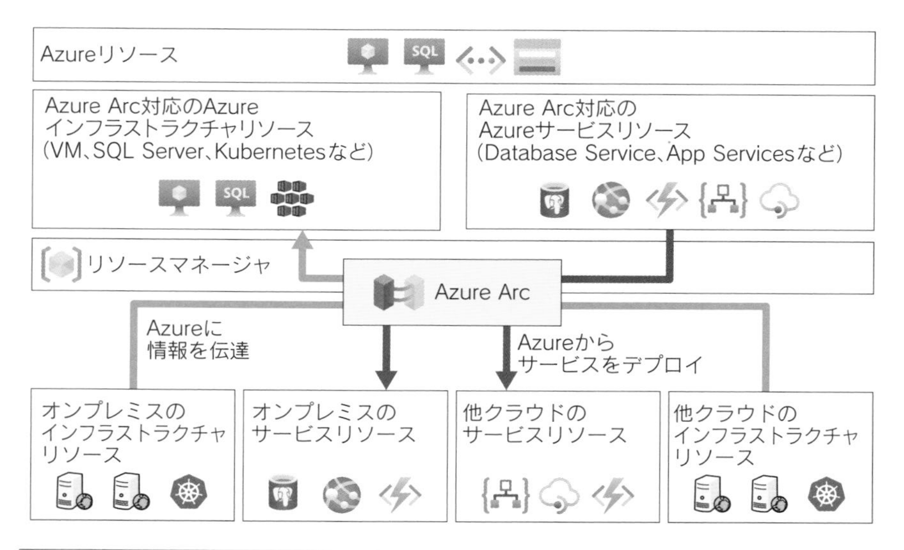

❏ Azure Arcのイメージ

9-6
その他の管理ツール

この章でこれまで紹介してきたツール（サービス）以外にも、Azureの運用を行う上で重要な機能を持つツールがあります。

Azure Resource Health

Azure Resource Healthは、作成したリソース（仮想マシンなど）に影響がある問題を検知・診断することができるサービスです。過去に起きた障害についても確認できるため、一時的にシステムが止まってしまった場合や、性能が劣化してしまった場合に確認してみてください。もちろんアラート（Alert）を設定しておくことで通知を受けることも可能です。

Azure Service Healthでは、自身が利用しているサービスに直接影響のないときにも通知がくる可能性がありますが、Azure Resource Healthでは自身が利用しているリソースに影響がある場合にのみ通知されます。そのため、必ず設定しておくとよいでしょう。

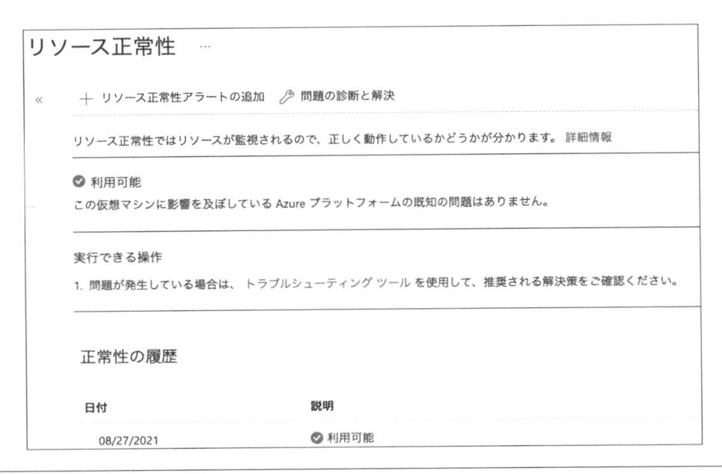

❏ Azure Resource Healthでの過去の正常性の履歴表示例

9 管理ツール

Azure Network Watcher

Azure Network Watcherは、仮想ネットワーク内のリソースの監視、診断、メトリックの表示、ログの取得を行うことができるサービスです。

仮想マシン、仮想ネットワーク、アプリケーションゲートウェイ、ロードバランサーなどを対象とすることができます。Azure Network Watcherでできることの例を以下に示します。

- 仮想マシンとエンドポイントの間の通信を監視
- 仮想ネットワーク内のリソースとその関係を表示
- 仮想マシンからのネットワークルーティングに関する問題を診断
- 仮想マシンとの間のパケットをキャプチャ
- ネットワークインターフェイスのセキュリティ規則を表示
- ネットワークセキュリティグループ間のトラフィック分析

Azureアクティビティログ

Azureアクティビティログは、Azureへの操作ログを保存、検索するためのサービスです。監査目的や過去の操作、Azure AD（Microsoft Entra ID）のアクティビティログなどを確認する際に活用できます。

アクティビティログの既定でのログ保存期間は過去90日と短いため、長期保存が必要な場合はBlob StorageやLog Analyticsにデータを保存するようにしましょう。この設定は管理画面から簡単に行えます。

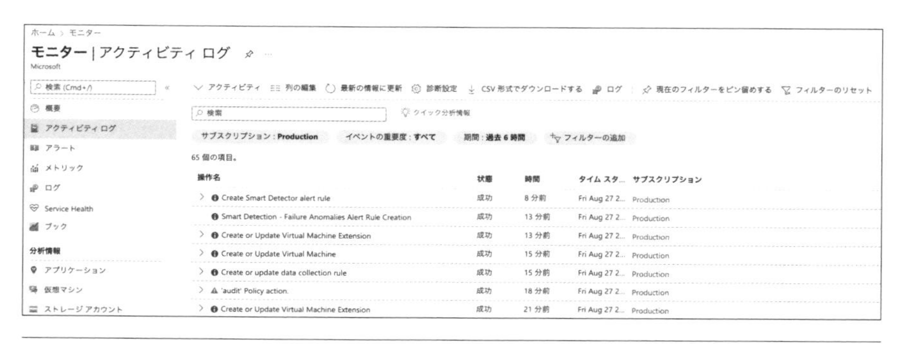

❏ アクティビティログ画面イメージ

Azure DevOps

Azure DevOpsは、コードのデプロイメントのためのソリューションで、Azure上でのDevOps開発に必要な一式のサービス群を提供します。以下に重要なサービスを示します。

- **Azure Boards**：かんばんボード、バックログなどのチームコラボレーション
- **Azure Pipelines**：ビルド、テスト、デプロイのパイプライン
- **Azure Repos**：アプリケーションコードのバージョン管理機能などを持ったリポジトリ（保存場所）
- **Azure Test Plans**：手動および探索的テストのツールキット
- **Azure Artifacts**：CI/CDパイプラインの成果物

なお、マイクロソフトが2018年に買収したGitHubが提供するGitHub Actionsでも、Azure Pipelinesと同様の機能が実現できます。

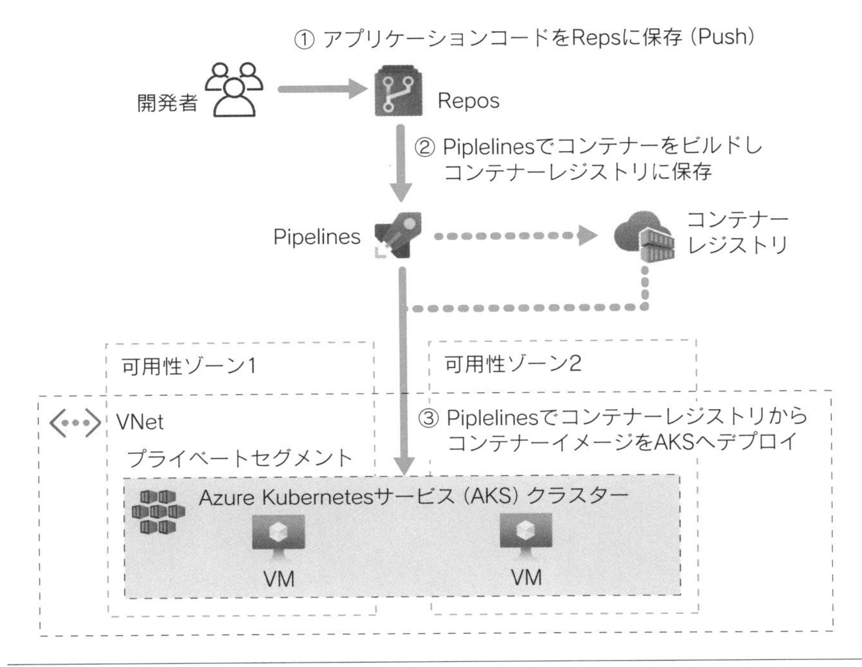

❑ Azure DevOpsの利用イメージ

Azure Automation

Azure Automationは、オンプレミス、クラウド両方の環境に対して、これまで手動で行っていた作業を自動化することができるサービスです。頻繁に発生する時間がかかる作業や、エラーが発生しやすい管理タスクを自動化することで、効率性が向上し、運用コストの削減にも役立ちます。作業内容はPowerShell、Pythonで記述できます。

Azure Site Recovery

Azure Site Recoveryは、サーバーのリージョン障害を想定したディザスターリカバリー(DR、災害復旧)を実現するサービスです。サーバーはオンプレミス、Azure上の仮想マシンのどちらも保護対象とすることができます。

保護対象となる物理マシン/仮想マシンをプライマリサイトからセカンダリロケーションにレプリケートします。プライマリサイトで障害が発生した場合、セカンダリロケーションにフェイルオーバーを行います。プライマリサイトが復旧した際は、フェイルバックを行えます。

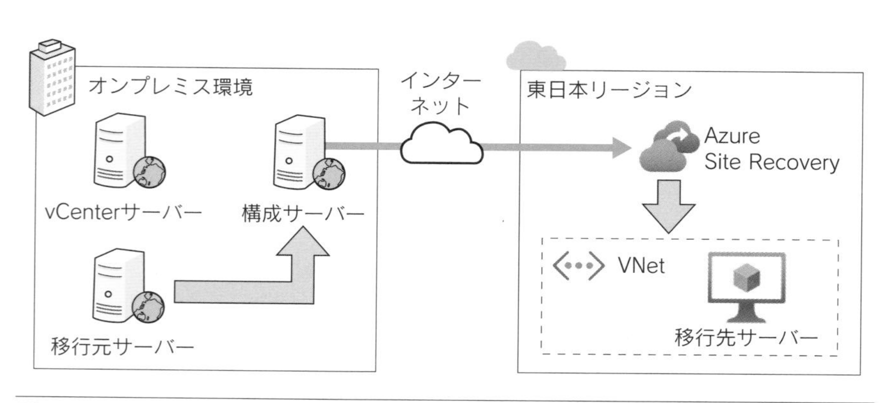

❑ Azure Site Recoveryの利用イメージ

重要ポイント

- 個別のリソースの正常性は、Azure Resource Healthで監視できる。
- Azure Network Watcherで仮想ネットワークを監視できる。
- Azureの操作ログはAzureアクティビティログで管理できる。
- Azure DevOpsは、DevOps開発に必要な一式のサービス群を提供する。
- Azure Automationで作業を自動化できる。
- Azure Site Recoveryは、リージョン障害を想定したディザスターリカバリー（災害復旧）を実現する。

本章のまとめ

- Azureは、Azure Portalを使ったWebのグラフィカルな管理画面からのリソース管理方法と、Azure PowerShellあるいはAzure CLIを使ったコマンドラインでの管理方法がある。
- AzureのリソースはAzure Resource Manager（ARM）というマネージドサービスが集中管理を行う。ARMテンプレートを使うとリソース再作成などの自動化が効率的にできる。
- Azure Monitorは、Azure内のリソースだけでなく、オンプレミスの運用管理もできる。
- Azure MonitorのApplication Insightsはアプリケーション監視に活用できる。
- Azure MonitorのLog Analyticsはログ管理に活用できる。
- Azure Advisorは、ネットワーク、セキュリティ、コストなど多岐にわたるシステムを最適化するための推奨事項を自動的に案内してくれる。
- Azure Service Healthによって、メンテナンスや大規模障害の通知を受け取れる。
- 個別のリソースの正常性は、Azure Resource Healthで監視できる。
- Azure Network Watcherで仮想ネットワークを監視できる。
- Azureの操作ログはAzureアクティビティログで管理できる。
- Azure DevOpsは、DevOps開発に必要な一式のサービス群を提供する。
- Azure Automationで作業を自動化できる。
- Azure Site Recoveryは、リージョン障害を想定したディザスターリカバリー（災害復旧）を実現する。

章末問題

問題1

Azure Monitorに関する下記の記述で正しいものをすべて選択してください。

A. オンプレミスのサーバーを監視する
B. Azure Active Directory (Microsoft Entra ID) の特定のグループにアラートを通知する
C. Azure Log Analyticsのワークスペース上のデータをトリガーにアラートを通知する

問題2

アプリケーションコードのバージョン管理機能を提供するAzureサービスはどれですか?

A. Azure Repos
B. Azure Pipelines
C. Azure Storage
D. Azure SQL Database

問題3

Azure上で稼働中のWindows Server 2016があります。可用性に影響を与えるサービス障害を通知したい場合、どのAzureサービスを利用するのが適切ですか?

A. Azure Policy
B. Azure Monitor
C. Azure Site Recovery
D. Azure Advisor

問題4

Azure Service Healthに関する下記の記述で正しいものを選択してください。

A. 管理者はAzureサービスに障害が起きた際のアラート通知設定を行うことができる
B. 管理者はAzureサービスの障害を防ぐことができる
C. 管理者はAzureサービスの耐障害性を高めることができる

問題5

Azureサブスクリプションの可用性に影響を与えるイベントを確認したい場合、Azure Portalからどのメニューを選択するのが適切ですか？

A. Azure Advisor
B. Azureイベント
C. トラストセンター
D. Help＋Support

問題6

[　　　　　　]により、誰が仮想マシンを停止させたかを確認できます。空欄に入る正しい用語を選択してください。

A. Azure Access Control IAM
B. Azure Event Hubs
C. Azureアクティビティログ
D. Azure Service Health

問題7

Azure Active Directory（Microsoft Entra ID）のアクティビティログをAzure Monitorに表示するように設定することは可能ですか？

A. はい
B. いいえ

問題8

Azure Monitorに関する下記の記述で正しいものをすべて選択してください。

A. 複数のAzureサブスクリプションをまたいだリソースを監視できる
B. 条件を設定し、アラートを作成することができる
C. 仮想マシンの耐障害性を高めることができる

問題9

Azure Advisorに関する下記の記述で正しいものをすべて選択してください。

A. Azure Active Directory (Microsoft Entra ID) 環境のセキュリティ強化に関する推奨事項を提供する
B. 仮想マシンのコスト削減に関する推奨事項を提供する
C. 仮想マシンのネットワーク設定に関する推奨事項を提供する

問題10

[　　　　　] はコードのデプロイメントのためのソリューションです。空欄に入る正しい用語を選択してください。

A. Azure Advisor
B. Azure Cognitive Services
C. Azure Application Insights
D. Azure DevOps

章末問題の解説

✓解説1

解答：A. オンプレミスのサーバーを監視する、C. Azure Log Analyticsのワークスペース上のデータをトリガーにアラートを通知する

オンプレミスのコンピュータにエージェントをインストールすることで、Azure Monitorからパフォーマンスを監視することが可能です。アラートの通知方法はアクショングループで設定します。Eメールや SMSなど様々な方法が選択可能ですが、Azure Active Directory（Microsoft Entra ID）の特定のグループを指定することはできません。Log Analyticsに保存されたログデータに対してクエリ（検索文）を記述し、その結果をもとにAzure Monitorからアラートを発行することが可能です。

✓解説2

解答：A. Azure Repos

Azure Reposはアプリケーションのコードのバージョンを管理し、複数の開発者によるチーム開発をサポートします。

✓解説3

解答：B. Azure Monitor

Azure MonitorのResource Healthの監視機能により、対象の仮想マシンでサービス障害が発生した際に通知を受け取ることができます。Resource Healthは仮想マシンだけではなく、他のAzureサービスを対象とすることも可能です。

✓解説4

解答：A. 管理者はAzureサービスに障害が起きた際のアラート通知設定を行うことができる

Azure Service Healthは、対象とするリージョン、サービスで障害、メンテナンスが発生した際にアラートを通知する設定を行うことができます。

✓解説5

解答：D. Help＋Support

Help＋Support（ヘルプとサポート）の管理画面からService Healthをクリックすることで、可用性に影響を与える可能性のある計画されたメンテナンスイベントのリストを確認することができます。

✓解説6

解答：C. Azureアクティビティログ

アクティビティログには仮想マシンの停止など、過去90日間分のAzureの操作ログが保存されています。

✓解説7

解答：A. はい

アクティビティログの情報をAzure Monitor内のLog Analyticsに保存し、Log Analyticsの管理画面から検索することが可能です。また、検索結果によりアラートを通知する設定を行うこともできます。

✓解説8

解答：A. 複数のAzureサブスクリプションをまたいだリソースを監視できる、B. 条件を設定し、アラートを作成することができる

Azure Monitorは別のサブスクリプションのリソースを監視することも可能です。また、CPUなどのリソースの利用状況を監視し、特定の閾値を超えた際にアラートを通知するなどの設定が可能です。冗長化や自動フェイルオーバーなど、直接的に仮想マシンの耐障害性を高めるような機能はありません。

✓解説9

解答：A. Azure Active Directory（Microsoft Entra ID）環境のセキュリティ強化に関する推奨事項を提供する、B. 仮想マシンのコスト削減に関する推奨事項を提供する、C. 仮想マシンのネットワーク設定に関する推奨事項を提供する

Azure Advisorは、Azure Active Directory（Microsoft Entra ID）環境のセキュリティ強化に関する推奨事項を提供します。たとえば、MFA（多要素認証）が設定されていない環境では、MFAの利用が推奨されます。また、Azure仮想マシンのコスト削減に関する推奨事項を提供します。たとえば、一定期間CPUの利用率が低い仮想マシンがあった場合、その仮想マシンのサイズを見直すことを推奨されます。同様に仮想マシンのネットワーク設定に関する推奨事項を提供します。たとえば、インターネットからRDPでの接続においてIPアドレスの制限がされていなかった場合、制限するよう推奨されます。

✓解説10

解答：D. Azure DevOps

Azure DevOpsはコードのデプロイメントのためのソリューションです。

第10章 セキュリティ

第10章では、Azureのセキュリティについて説明します。クラウドサービスを利用した環境は日々変化するため、クラウド環境特有のセキュリティリスクに対して正しく理解し、対策を考える必要があります。本章では、Azureのクラウドセキュリティについて理解を深めます。AZ-900の試験もセキュリティに関する質問は多く出題される傾向があります。

10-1 クラウドセキュリティについて

クラウドを利用したシステムでは、利用者側でインフラリソースの準備が不要になり、オンプレミスと比べると容易かつ迅速にシステムを開発できるようになりました。セキュリティ対策についてもクラウドプロバイダーが提供する最新のセキュリティソリューションが利用でき、オンプレミスで必要であった高価なセキュリティソリューションの導入が不要になります。

一方で、クラウドを利用する場合のセキュリティのリスクを正しく理解しておく必要があります。クラウドでも情報セキュリティの基本である機密性、完全性、可用性が基本となります。外部からのセキュリティリスクと同様に、マルウェアや内部犯行による脅威とリスクは、クラウドになってもオンプレミスでの考え方と同じです。

マイクロソフトもクラウドにおけるセキュリティ対策は最優先課題と認識しています。

クラウドにおける責任分界点

クラウドにおけるセキュリティ対策を考える上で、クラウド利用者とAzureを提供するマイクロソフトとの責任分界点を理解しておく必要があります。

責任分界点とは、クラウド利用者とマイクロソフトのそれぞれが、クラウドリソースのどこからどこまでの範囲の責任を負うかを定めた境界のことです。2-4節でクラウドプロバイダーと利用者との責任分界点がある共同責任モデルの説明をしましたが、クラウドプロバイダーであるマイクロソフトが担当する管理領域は、クラウド利用者が操作・変更をすることはできません。一方で、クラウド利用者の責任範囲は利用者自身で対策をする必要があります。

クラウドにおけるセキュリティ脅威

クラウド上のセキュリティ脅威として、次の図に示すポイントにセキュリティ脅威が考えられます。Azureはクラウドセキュリティ対策として様々なソリューションを提供していますが、Azure上に構築すれば防御されるというものではなく、それぞれの脅威を利用者が把握し、セキュリティ対策を行う必要があります。

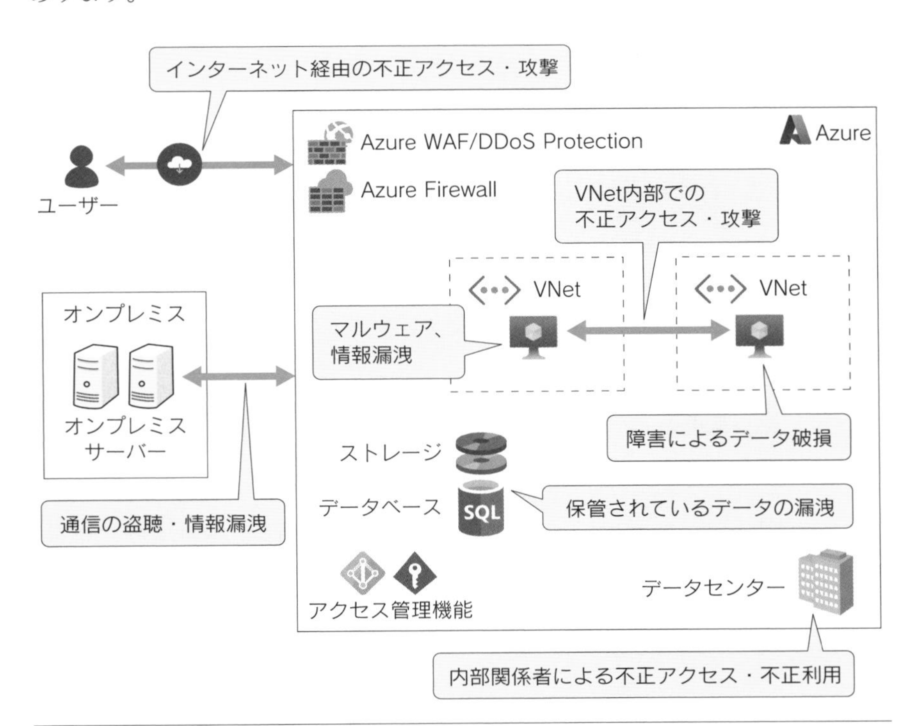

❏ 考えられるクラウド上のセキュリティ脅威

Azureにおけるセキュリティ対策サービス

次の図は、考えられるクラウド上のセキュリティ脅威に対して、セキュリティ対策の項目を紐付けたものです。

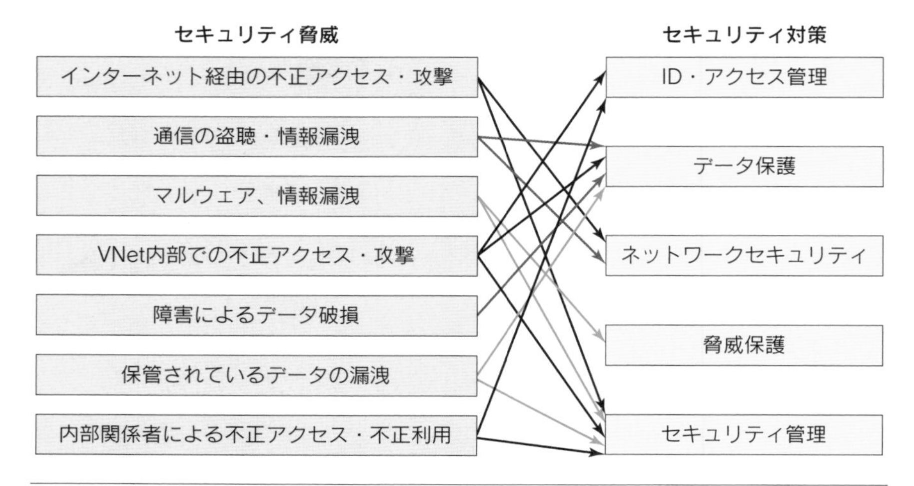

❏ セキュリティ脅威とセキュリティ対策

マイクロソフトはセキュリティ対策として様々なセキュリティサービスを展開しています。これらのセキュリティサービスの導入目的を理解し、Azureにおけるセキュリティサービスの名称と役割を覚えておきましょう。

ID・アクセス管理	データ保護	ネットワークセキュリティ	脅威保護	セキュリティ管理
Azure Active Directory	暗号化（Disk、Storage、DB）	Azure Firewall、WAF	Microsoft Defender for Cloud（旧Azure Security Center）	
多要素認証（MFA）	Azure Key Vault	Azure DDoS Protection	Microsoft マルウェア対策	Microsoft Sentinel（旧Azure Sentinel）
ロールベースアクセス制御（RBAC）	Azure Backup、Azure Site Recovery	ExpressRoute、VPN、NSG、ASG、NVA		Azure Log Analytics
コンプライアンス対応				

❏ Azureにおけるクラウドセキュリティサービス

ゼロトラスト

今までのセキュリティモデルは各境界を設けて、守るべき情報を保護してきました。脅威が境界の中に入らないようにセキュリティ対策を行い、信頼できる範囲と信頼できない範囲を分けてきました。

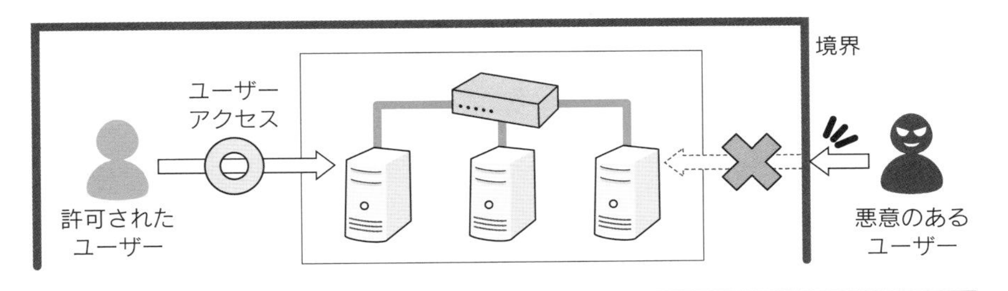

❑ これまでのセキュリティモデル

これに対して近年は、境界の内部は信用するという従来の前提を捨てた、**ゼロトラスト**（Zero trust）という考え方が注目されています。ゼロトラストとは、誰も信用しないという意味です。誰も信用せずにすべてを確認することを原則として、アクセスの条件を規定しアクセスを制御していくセキュリティモデルです。

ゼロトラストでは原則的に、以下が行われます。

- ユーザーとデバイスに対してID確認をする
- 最小特権のアクセスをする
- 違反を想定しておく

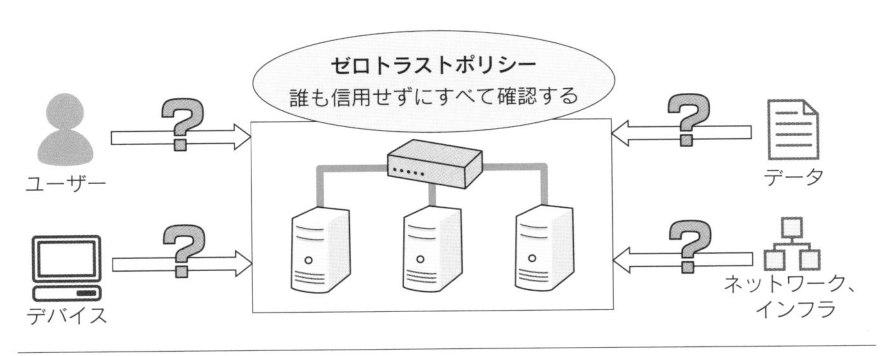

❑ ゼロトラストモデル

多層防御

クラウドのセキュリティを考える上で必要な概念として、**多層防御**（Defense in depth）があります。多層防御とは、1つの境界や1つの層が破られても、次の境界や層で異なるセキュリティ対策を実装し、機密情報を保護するという考え方です。

一番守るべきものはデータとなります。Azureでは様々なサービスで多層防御のセキュリティ対策が用意されています。

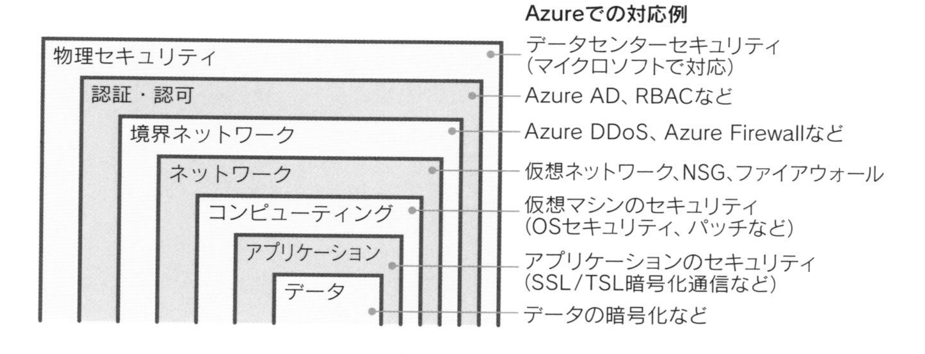

❏ 多層防御の概念

10-2
ID・アクセス管理

Azure Active Directory（Microsoft Entra ID）

Azure Active Directory（**Azure AD**）は、クラウドベースのID管理とアクセス管理のサービスを提供します。

Azureを利用する場合には、サインインとID保護のためにAzure ADが必要となります。Azureのサブスクリプションを開始すると、自動的にAzure ADが提供され無料で利用できます。また、Azure ADの有償の機能を利用してID管理のセキュリティをさらに強化することもできます。なお、Azure ADの名称は2023年10月に「**Microsoft Entra ID**」に変更予定です。同じサービスなので、どちらの名称で出題されても対応できるようにしておきましょう。

Azure ADの無料枠で利用できるサービスの一例を以下に示します。

- ユーザーとグループの管理
- オンプレミスのActive Directoryとの同期
- クラウド利用者向けのセルフサービスのパスワード変更
- Azure、Microsoft 365、Microsoft以外のSaaSとのシングルサインオン

Azure AD Connect

Azure AD Connect（**Azure Active Directory Connect**）とは、オンプレミスのActive DirectoryとAzure AD（Microsoft Entra ID）の間でアカウント情報を同期し、一元管理ができるコネクターです。

Azure ADでもアカウントを作成・管理できますが、Azure AD Connectを利用すればオンプレミスで管理していたユーザーID・パスワードをそのままクラウド上でも利用できるため、アカウント管理者の管理コストを削減でき、ユーザーの利便性が向上します。

たとえば、オンプレミスで管理している1,000人のユーザー情報をAzure ADに同期し、オンプレミスで利用していたユーザーID・パスワードでクラウドに

アクセスすることも可能です。

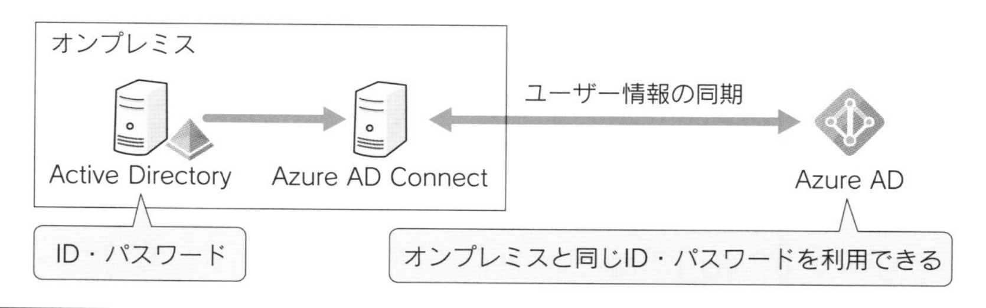

❑ Azure AD ConnectとAzure ADの同期

多要素認証(MFA)

多要素認証(MFA、Multi-Factor Authentication)は、パスワードのユーザー認証に加えて、「携帯電話にコードを入力する」「指紋認証を行う」など、サインインプロセスの中で本人認証を追加し、複数の認証手段によってなりすましを防止する仕組みです。

多要素認証(MFA)を利用するには

多要素認証(MFA)を利用するには、以下の認証のうち2つ以上の認証方式を用いる必要があります。また、多要素認証(MFA)を有効にするには、特権アカウントを持つ管理者権限が必要となります。

- ユーザーパスワード
- 携帯電話やハードウェアキー(Microsoft Authenticator、SMS、音声通話)
- 指紋認証、顔面認識などの生体認証

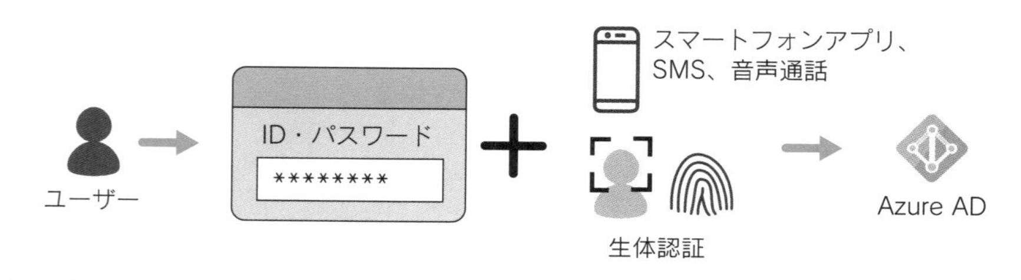

❑ 多要素認証(MFA)の概要

ユーザーのサインインに多要素認証（MFA）を利用してセキュリティを強化するには、条件付きアクセスを有効にします。多要素認証（MFA）を利用するには、Azure AD Premium P1、もしくはP2、または評価版のライセンスが必要です。

多要素認証（MFA）の条件付きアクセスのポリシーの設定画面から、多要素認証（MFA）をさせる対象ユーザー、対象アプリケーション、対象デバイス（Android、iOS、Windows、macOSなど）を設定できます。

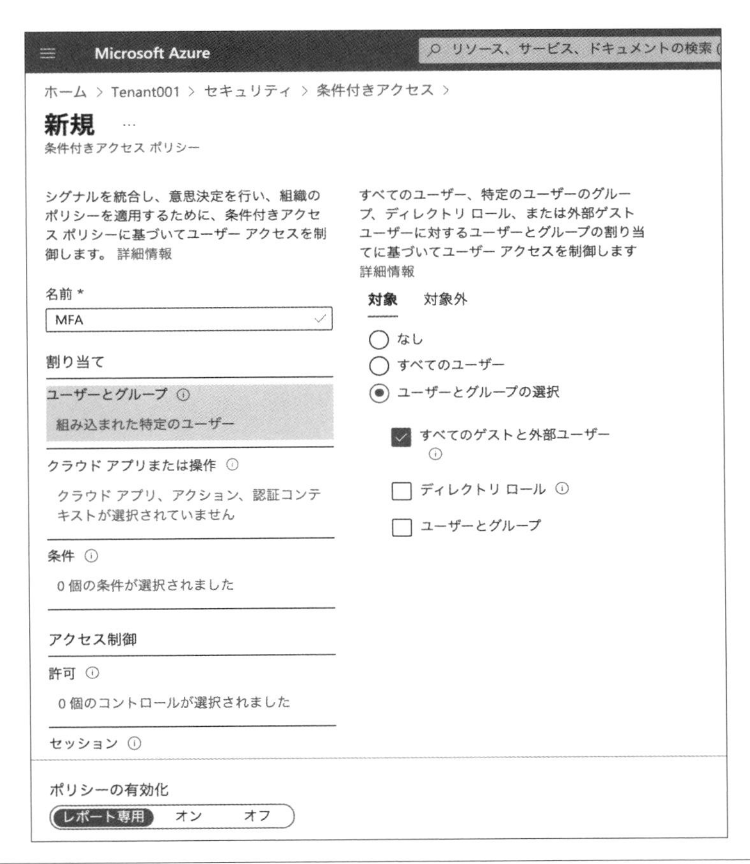

❏ 多要素認証（MFA）の条件付きアクセスポリシー設定画面

▶▶▶重要ポイント

- Azureの利用を開始するとAzure AD（Microsoft Entra ID）が無料で利用できる。ユーザーアカウント作成やグループ作成にコストはかからない。

10-3
データ保護

暗号化

Azureで取り扱うデータを保護するために、様々な場所で暗号化が行われています。ストレージやデータベースなど、各リソースで使われている暗号化を紹介します。

ディスクの暗号化

ディスクの暗号化としてWindows、LinuxともにOS内部の暗号化機能をサポートします。これで仮想マシンのOSとデータディスク全体を暗号化し、保護しています。

ストレージの暗号化

ストレージアカウント全体を暗号化し、ストレージにデータを保存する前に自動的に暗号化します。これでデータセンターの物理ディスクからの情報漏洩を防ぐことができます。

Azureデータベースの暗号化

Azure SQL Database、Azure SQL Managed Instance、Azure Synapse Analyticsについては、透過的なデータ暗号化（TDE）によりデータベースが暗号化されます。**透過的なデータ暗号化（TDE）**とは、許可されたユーザーがデータにアクセスするときに自動的に暗号化・復号されることです。「透過的」とは存在を意識しなくても使えるという意味です。

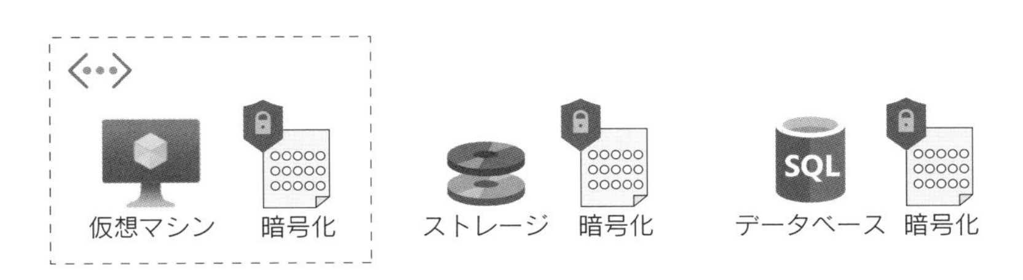

❏ 各リソースの暗号化

Azure Key Vault

Azure Key Vault（キーボルト）は「鍵の金庫」です。パスワード、証明書、暗号化キーなどのシークレット情報を、アプリケーションから分離し、安全に保管してアクセスするためのサービスです。

Azure環境上の**キーコンテナー**という個別の仮想コンテナーに機密情報であるシークレット情報を格納します。キーコンテナーは複数作成でき、アプリケーションやセキュリティポリシーごとにキーコンテナーを分けて管理できます。Azure Key Vaultでは、Azureロールベースアクセス制御（RBAC、11-1節参照）を使用してパスワード、証明書、暗号化キーへのアクセス許可を管理します。

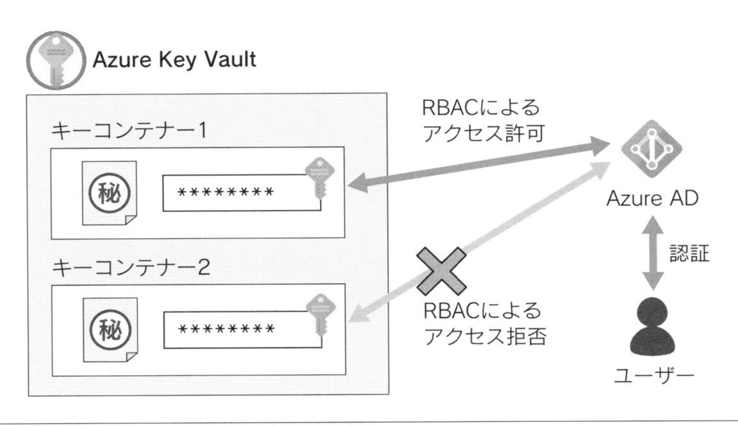

❏ Azure Key Vaultのアクセス制御

Azure Key Vaultを利用するメリット

Azure Key Vaultを利用すると、以下のメリットがあります。

- 不正アクセスの防止
- アプリケーションのキーやシークレット情報の一元管理
- アクセス状況の監視

✱ 不正アクセスの防止

キーコンテナーにアクセスする場合には、適切な認証と認可が必要になります。**認証**(Authentication)は、リソースにアクセスしてきたユーザーを確認することです。**認可**(Authorization)は、認証済みユーザーがどのリソースにアクセスできるかを制御することです。

認証についてはAzure AD(Microsoft Entra ID)を介して行います。アクセス許可はAzureロールベースアクセス制御(RBAC)やアクセスポリシーで行います。認証と認可の権限が正しく付与されていない場合は、キーコンテナーにアクセスできません。

✱ アプリケーションのキーやシークレット情報の一元管理

アプリケーションのキーやシークレット情報をAzure Key Vaultに一元管理することで、キーやシークレット情報が紛失・漏洩する可能性が少なくなります。また、キーやシークレット情報を配布する場合の管理も容易になります。

✱ アクセス状況の監視

キーとシークレット情報にアクセスしたログを監視することができます。万が一、キーやシークレット情報の機密情報が流出するなどのセキュリティインシデントが発生した場合は、すぐにキーとシークレット情報を無効にしてリソースを保護します。

▶▶▶ 重要ポイント

- リソースにアクセスする際の認証と認可の違いを理解すること。認証はリソースにアクセスしてきたユーザーを確認することで、認可は認証済みユーザーがどのリソースにアクセスできるかを制御すること。

10-4 ネットワークセキュリティ

Azure Firewall

Azure Firewallとは、クラウドベースのマネージドファイアウォールです。Azure Firewallを利用してインターネットやオンプレミスとの通信を制御できます。また次の図のように、たとえば異なるシステム間でVNetとVNet同士の通信が必要な場合に、Azure Firewallを強制的に経由させて不正な通信をブロックすることもできます。

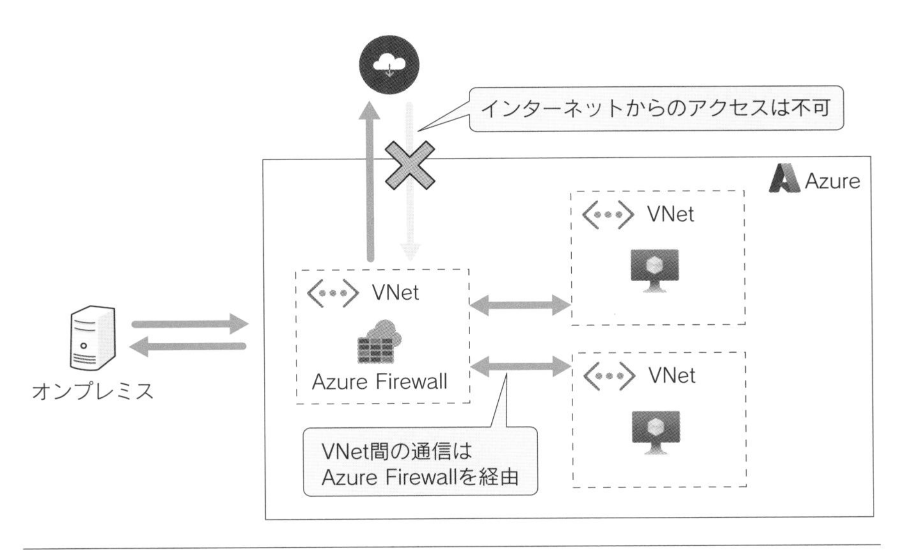

❏ Azure Firewallの概要

Azure WAF

Azure WAF（Web Application Firewall）は、Webアプリケーションの脆弱性への攻撃に対するセキュリティソリューションです。Azure WAFもクラウドベースのマネージドファイアウォールです。

Azure WAFは、SQLインジェクション攻撃やクロスサイトスクリプティング攻撃などのWebサイトの脆弱性から保護します。ECサイトや個人情報を扱うWebサイトの安全を確保するためには、Azure WAFの導入が不可欠です。

Azure DDoS Protection

DDoS攻撃（Distributed Denial of Service Attack、分散型サービス拒否攻撃）は、無関係の端末を乗っ取り、Webサイトやサーバーに対して複数の端末から一斉にアクセスし、過剰に負荷をかけてシステムを停止させるサイバー攻撃です。**Azure DDoS Protection**は、DDoS攻撃を常時監視し、システムをサイバー攻撃から保護します。

ExpressRoute、Azure VPNの暗号化

第6章のネットワークサービスで説明したExpressRouteとVPN接続では、オンプレミスとAzure間を通信するデータの機密性と整合性を確保するために暗号化がサポートされています。ただし、ExpressRouteの暗号化がサポートされているのは、大規模向けの**ExpressRoute Direct**のみとなっています。

10-5

脅威保護

Microsoft Defender for Cloud

Microsoft Defender for Cloudは、セキュリティを強化するためのマネージドサービスです。特徴は以下のとおりです。

- セキュリティ脅威防止のための推奨事項を提示
- Azureリソースだけでなくオンプレミス、他社クラウドまで対応
- 仮想マシンへのアクセス制御ができる
- 無料で始められる

セキュリティ脅威防止のための推奨事項を提示

セキュリティの診断・保護、脅威の検出を実施し、セキュリティの推奨事項を提示してくれます。推奨事項に従い対策をすることでリソースのセキュリティ強化ができます。

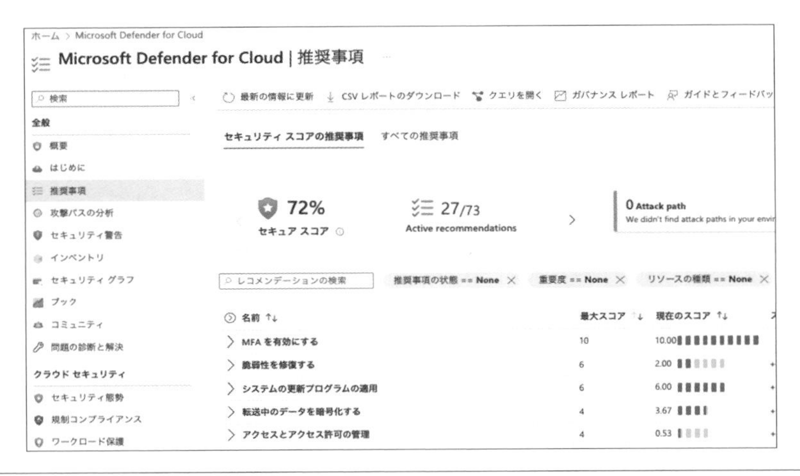

❏ Microsoft Defender for Cloudのセキュリティ対策推奨事項

Azureリソースだけでなくオンプレミス、他社クラウドまで対応

Azure上の仮想マシンのセキュリティアラートだけでなく、App Serviceやストレージアカウントなどの PaaS、オンプレミスのサーバーや他社クラウドの仮想マシンについてもセキュリティ脅威を検出して防止することができます。

仮想マシンへのアクセス制御ができる

Microsoft Defender for CloudにはJust-In-Time(JIT)VMアクセスという機能があります。仮想マシンへのアクセスを制御することで、不正アクセスの攻撃を回避することができます。

ユーザーからの仮想マシンへのアクセス要求があったときに、Microsoft Defender for Cloudはアクセスを許可するかどうかをAzureロールベースアクセス制御(RBAC、11-1節参照)に基づいて決定します。要求が承認されると、Microsoft Defender for Cloudは自動的にNSG(ネットワークセキュリティグループ)を構成し、仮想マシンの接続ポートへのトラフィックを要求された時間内で許可します。要求された時間が過ぎたらNSGを前の状態に復元します。

なお、Just-In-Time VMアクセスを利用するにはMicrosoft Defender for Servers(サーバー)のプランを有効にして利用する必要があります。

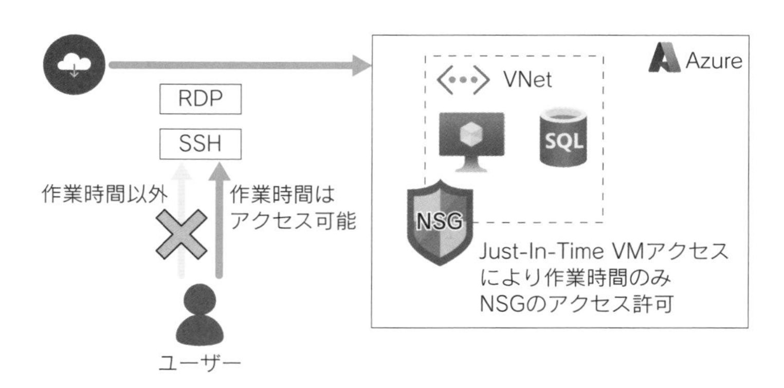

❑ Just-In-Time VMアクセスの概要

無料で始められる

Microsoft Defender for Cloudは無料で始められます。Microsoft Defenderの利用するサービスによっては課金が必要なプランがあります。

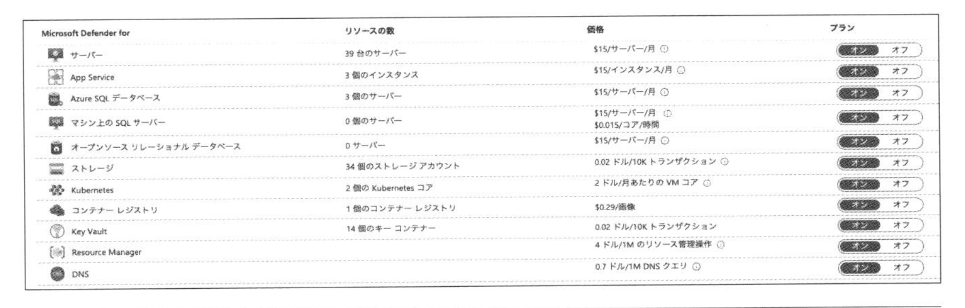

Microsoft Defender for	リソースの数	価格	プラン
サーバー	39 台のサーバー	$15/サーバー/月	オン オフ
App Service	3 個のインスタンス	$15/インスタンス/月	オン オフ
Azure SQL データベース	3 個のサーバー	$15/サーバー/月	オン オフ
マシン上の SQL サーバー	0 個のサーバー	$15/サーバー/月 $0.015/コア/時間	オン オフ
オープンソース リレーショナル データベース	0 サーバー	$15/サーバー/月	オン オフ
ストレージ	34 個のストレージ アカウント	0.02 ドル/10K トランザクション	オン オフ
Kubernetes	2 個の Kubernetes コア	2 ドル/月あたりの VM コア	オン オフ
コンテナー レジストリ	1 個のコンテナー レジストリ	$0.29/画像	オン オフ
Key Vault	14 個のキー コンテナー	0.02 ドル/10K トランザクション	オン オフ
Resource Manager		4 ドル/1M のリソース管理操作	オン オフ
DNS		0.7 ドル/1M DNS クエリ	オン オフ

❑ Microsoft Defenderの課金プランの例

Azureのマルウェア対策

マルウェアとはワーム、トロイの木馬、スパイウェアなど悪意のある第三者が作成したプログラムやスクリプトです。ユーザーが、マルウェアを知らぬ間に実行もしくはコンピュータにインストールしてしまうことで何らかの被害を受けるものを指します。マルウェアは**ウイルス**と表現されることもあります。

マルウェアをインストールさせる手口は年々巧妙になり、IT技術者でも感染してしまうケースがあります。

Azureでは、マイクロソフトやセキュリティベンダーのマルウェア対策ソフトウェアが利用でき、リアルタイム保護、マルウェアのスキャン、マルウェアの駆除などを行ってくれます。

10-6

セキュリティ管理

Microsoft Sentinel（旧Azure Sentinel）

Microsoft Sentinel（旧Azure Sentinel）は、セキュリティ情報イベント管理（SIEM）およびセキュリティオーケストレーション自動応答（SOAR）のサービスです。SIEMとは「Security Information and Event Management」の略語で、SOARは「Security Orchestration, Automation and Response」の略語です。

Microsoft Sentinelはファイアウォール、ネットワーク、Azure AD、アプリケーション、仮想マシンなどのログやセキュリティデータを一元的に集約します。それらの情報を組み合わせて相関分析を行い、セキュリティインシデントを検知します。

❑ Microsoft Sentinelの概要画面

Microsoft Sentinelは、Azureのリソースに限らずオンプレミスやOffice 365などのマイクロソフトのクラウドサービス、さらにAzure以外のクラウドサービスのログを集約・分析することができます。Azure以外のサービスと連携するコネクターが準備されており、簡単にMicrosoft Sentinelに取り込めます。連携用のコネクターは、100製品以上用意されています。

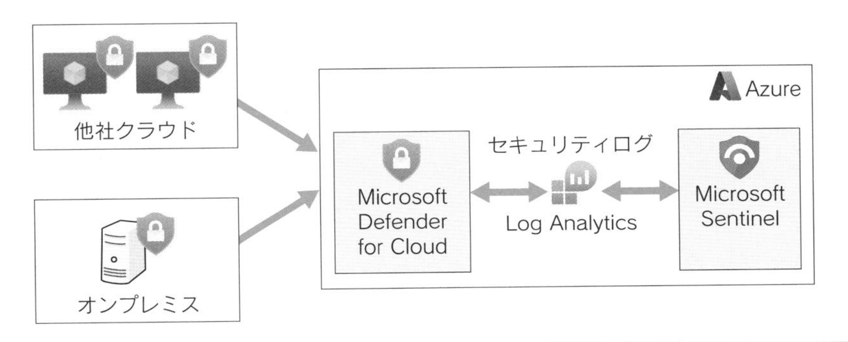

❑ Microsoft SentinelとAzure以外のサービスとの連携図

Column

Microsoft Defender for CloudとMicrosoft Sentinelとの違い

サイバーセキュリティ対策の世界標準のフレームワークとして、米国のNIST（米国国立標準技術研究所、National Institute of Standards and Technology）が定義したNISTサイバーセキュリティフレームワークがあります。

このフレームワークではサイバーセキュリティ対策でとるべきアクションが5つ提示されています。Azureではそれらアクションのうち「特定（Identify）」「防御（Protect）」をMicrosoft Defender for Cloudでカバーしています。そして「検知（Detect）」「対応（Respond）」「復旧（Recover）」をMicrosoft Sentinelでカバーしています。

この5つのアクションはそれらの頭文字をとってIPDRRと呼ばれています。IPDRRのすべてに対応しているAzureのサービスは、NISTサイバーセキュリティフレームワークに準拠しているということです。

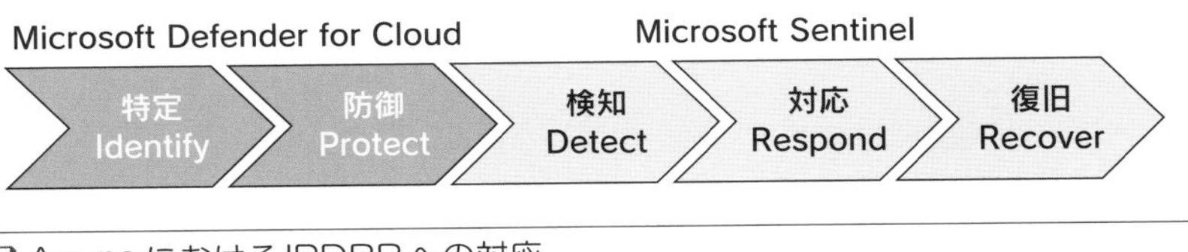

❑ AzureにおけるIPDRRへの対応

10-7

その他のセキュリティソリューション

この章ではAzureのセキュリティに関連するサービスを解説してきました。ここでは、セキュリティに関連する他のサービスを簡単に紹介します。

Azure Active Directory Identity Protection

Azure Active Directory Identity Protection（Azure AD Identity Protection）は、匿名IPアドレスなどでユーザーがサインインしたときに検知、ブロックする仕組みを提供します。また、ユーザーに多要素認証（MFA）を強制的に利用させたり、サインイン時にパスワードリセットを強制的に実施させるポリシーを定義することができます。

Azure Active Directory Domain Services

Azure Active Directory Domain Services（Azure AD DS）は、Azure上でオンプレミスのActive Directoryと同様の機能を利用できるマネージドサービスです。オンプレミスのActive Directoryと同期することもできます。

本章のまとめ

- Azure Active Directory（Microsoft Entra ID）は他クラウドとのSSO（シングルサインオン）を提供できる。
- Microsoft Defender for Cloudは無料で利用できるが、すべての機能を利用するには利用するサービスに応じてMicrosoft Defenderの課金プランを有効にする必要がある。
- Microsoft Defender for Cloudはセキュリティの推奨事項を提案してくれる。その提案は、Azureリソース以外のオンプレミスや他社クラウドまで網羅している。
- Azure FirewallはAzure内のネットワーク制御やインターネットからのアクセス制御ができる。
- パスワード情報、証明書などの機密情報を安全に保管するには、Azure Key Vaultを利用する。
- Webサイトを攻撃から保護するには、Azure DDoS ProtectionやAzure WAFを利用する。
- 多要素認証（MFA）を有効にするには、特権アカウントを持つ管理者権限が必要となる。

章末問題

問題1

あなたの会社はAzure上にインターネット向けのWebサービスを公開する予定です。SQLインジェクション攻撃やクロスサイトスクリプティング攻撃などからの影響を最小限に抑えるためにどのソリューションを推奨しますか？

A. Azure WAF
B. Microsoft Defender for Cloud
C. Microsoftマルウェア対策
D. 多要素認証（MFA）

問題2

あなたの会社でアプリケーション開発を外部ベンダーに委託する予定です。機密情報流出の対策として、外部ベンダーにアプリケーションのシークレット情報を伝えずに開発してもらうにはどのソリューションを選択しますか？

A. 多要素認証（MFA）
B. Azure Key Vault
C. Just-In-Time VMアクセス
D. Microsoft Sentinel

問題3

Just-In-Time VMアクセスを有効にするサービスはどれですか？

A. Microsoft Defender for Cloud
B. Azure Active Directory（Microsoft Entra ID）
C. RBAC
D. Microsoft Sentinel

問題4

オンプレミスのActive DirectoryをAzure AD（Microsoft Entra ID）と同期させる機能はどれですか？

A. Azure Active Directory Identity Protection
B. Azure Active Directory（Microsoft Entra ID）
C. Azure AD Connect
D. Azure AD DS

問題5

Azure上のVNetとVNet間のトラフィックを制御する場合のソリューションはどれですか？

A. Azure DDoS Protection
B. Azure Information Protection
C. Azure Firewall
D. Azure VPN

問題6

Azure上のセキュリティの診断や脅威の検出を実施し、推奨事項を提示してくれるサービスはどれですか？

A. Microsoft Sentinel
B. Microsoft Defender for Cloud
C. Azure Monitor
D. Azure Network Watcher

問題7

多要素認証（MFA）を利用する場合はどのサービスと組み合わせて利用する必要がありますか？

A. Azure Active Directory（Microsoft Entra ID）
B. アクティビティログ

C. Microsoft Defender for Cloud
D. Azure Advisor

問題8

Azure Active Directory Identity Protectionはどのようなポリシーを定義できますか？ 間違っているものを1つ選んでください。

A. 多要素認証（MFA）を利用させる
B. パスワードリセットをさせる
C. 匿名IPアドレスからのサインインをブロックする
D. SaaSとシングルサインオンをさせる

問題9

複数の端末から一斉にアクセスし、過剰に負荷をかけてシステムを停止させるサイバー攻撃を防御するセキュリティソリューションはどれですか？

A. Azure WAF
B. Azure DDoS Protection
C. NSG
D. Azure Site Recovery

問題10

多要素認証（MFA）を利用するための条件を2つ選択してください。

A. Azure Active Directory Identity Protectionの導入
B. Azure AD（Microsoft Entra ID）評価版ライセンス
C. 管理者権限を持つアカウント
D. Azure Key Vaultの有効化

章末問題の解説

✓解説1

解答：A. Azure WAF

Azure WAFはSQLインジェクション攻撃やクロスサイトスクリプティング攻撃などのWebサイトの脆弱性からリソースを保護してくれます。

✓解説2

解答：B. Azure Key Vault

Azure Key Vaultを利用すると、アプリケーション内部に機密情報を格納することなく開発ができるようになります。Azure AD（Microsoft Entra ID）に外部ベンダーを登録し、適切な認証と認可を実施することで機密情報が流出してしまうリスクを抑えることができます。

✓解説3

解答：A. Microsoft Defender for Cloud

Microsoft Defender for CloudでJust-In-Time VMアクセスを有効にし、仮想マシンへのアクセス制御をするこができます。

✓解説4

解答：C. Azure AD Connect

Azure AD Connectは、オンプレミスのActive DirectoryとAzure AD（Microsoft Entra ID）の間でアカウント情報を同期し、一元管理ができるコネクターです。Azure AD Connectは無料で利用できます。

✓解説5

解答：C. Azure Firewall

Azure Firewallは、Azure上のVNetとVNet間やインターネットからのトラフィックを制御することができます。Azure Firewall以外にも、NSG（ネットワークセキュリティグループ）によるトラフィック制御も可能です。

✓解説6

解答：B. Microsoft Defender for Cloud

Microsoft Defender for Cloudは、Azure上に構築したリソースのセキュリティ診断やセキュリティ対策の推奨事項を提示してくれます。推奨事項に従い、対処することでAzure上のセキュリティ強化ができます。

✓ 解説7

解答：A. Azure Active Directory（Microsoft Entra ID）

多要素認証（MFA）を利用するには、Azure AD（Microsoft Entra ID）のPremium P1、もしくはP2、または評価版のライセンスが必要です。

✓ 解説8

解答：D. SaaSとシングルサインオンをさせる

SaaSとシングルサインオンをさせる機能は、Azure AD（Microsoft Entra ID）の無料枠で利用できます。

✓ 解説9

解答：B. Azure DDoS Protection

複数の端末から一斉に過剰な負荷をかけるサイバー攻撃はDDoS攻撃です。Azure DDoS Protectionは、DDoS攻撃を常時監視し、システムをサイバー攻撃から保護します。

✓ 解説10

解答：B. Azure AD（Microsoft Entra ID）評価版ライセンス、C. 管理者権限を持つアカウント

多要素認証（MFA）を利用するには、Azure AD（Microsoft Entra ID）のPremium P1、もしくはP2、または評価版のライセンスと、管理者権限を持つアカウントが必要です。

第11章

ガバナンス・コンプライアンス

第11章では、Azureのガバナンスとコンプライアンスについて説明します。ガバナンスは企業や組織がルールまたはポリシーを構築し、実運用で確実にこれらを遵守させるためのプロセスです。Azureには、定めたガバナンス、遵守すべきコンプライアンスが守られているかを確認する機能、またはルールを強制する機能があります。Azure上に構築したシステムを安心して運用できるよう、ガバナンスとコンプライアンスに関する機能を学んでいきましょう。

11-1

クラウドガバナンス

クラウドはインターネットから操作でき、簡単に利用ができるので、ガバナンスを適切に設定しないで運用すると、セキュリティリスクが高まり、不要なコストも発生してしまいます。たとえば、必要以上に強い操作権限を開発者に付与すると、操作ミスなどでシステムを破壊してしまう可能性があります。また、日本国内にしかデータを保管してはいけないルールになっているにもかかわらず、ルールを十分に理解していない新人のインフラ担当者が、日本以外のリージョンにストレージやデータベースを構築してしまうことも考えられます。

このようなリスクが発生しないよう、ガバナンスを構築し、強制・監視する仕組みがとても重要になります。Azureにはガバナンスルールを強制し、違反が発生した場合はアラートを通知する仕組みがあります。本節では、ガバナンスを実現する機能について紹介していきます。

❑ Azureでガバナンスを実現する主な機能

機能	概要
Azure RBAC	リソースへのアクセス権限を管理
Azure Policy	ガバナンスルールを強制
Azure Blueprints	Azure Policy、RBACなどのルールをテンプレート化
ロック	誤ってリソースが削除されるのを防止
タグ	リソースにメタ情報を付与して管理
管理グループ	複数のサブスクリプションをまとめて管理

Azure RBAC（ロールベースアクセス制御）

Azureを操作するユーザーに適切な権限を付与することがクラウドガバナンスでは重要です。適切な権限とは、必要なリソースに対して最小限の権限を付与し、過度な強い権限は付与しないということです。ユーザーに管理者と同等の権限を容易に付与してしまうことはガバナンスの観点からリスクとなるため、設計の段階から「どのようなユーザーがいるのか？」「そのユーザーに必要な権限は何か？」を定義しておくことが重要です。

そして、実際にAzure上で権限を割り当てる仕組みが**Azure RBAC**（Role Based Access Control、ロールベースアクセス制御）になります。ユーザーの役割（ロール）ベースで権限を定義していきます。

① ユーザーごとの権限を定義

ユーザー	必要な権限
管理者	Azure操作の全権限
サーバー管理者	仮想マシンの全権限
ネットワーク管理者	ネットワークの全権限
請求管理者	請求情報の閲覧権限
監査担当者	Azure環境の全閲覧権限

② 定義に基づき設定

1. ユーザーの作成/招待
2. ユーザーへのRBAC設定

❏ ユーザーの権限とRBACの活用イメージ

RBACにはあらかじめ用意されている**組み込みロール**と、独自に細かな権限を設定できる**カスタムロール**の2種類があります。主な組み込みロールとしては、次のものが定義されています。

❏ 組み込みロールの例

ロール名	説明
所有者	Azure RBACでロールを割り当てる権限を含め、すべてのリソースを管理できる
共同作成者	すべてのリソースを管理するためのフルアクセスが付与されるが、権限の割り当てなど、一部の操作が制限される
閲覧者	すべてのリソースを表示するが、変更することはできない
仮想マシン共同作成者	仮想マシンを作成および管理できる
ネットワーク共同作成者	ネットワークを管理できる

特定の用途だけを想定できるユーザーの場合には、その用途だけの権限を指定したカスタムロールを定義します。たとえば、監査担当者に対して、ストレージ、ネットワーク、仮想マシン、サポートにだけ閲覧権限を付与するといった場合です。カスタムロールは、Azure Portal、Azure PowerShell、Azure CLIなどで

作成できます。

次のコードはカスタムロールの設定例で、監査担当者用にストレージ、ネットワーク、仮想マシン、サポートにのみ閲覧権限を付与しています。

❏ カスタムロールの設定例

```
{
  "Name": "Auditor",
  "Id": "xxxx",
  "IsCustom": true,
  "Description": "Custom Role for Auditor",
  "Actions": [
    "Microsoft.Storage/*/read",
    "Microsoft.Network/*/read",
    "Microsoft.Compute/*/read",
    "Microsoft.Support/*"
  ],
  "NotActions": [],
  "DataActions": [],
  "NotDataActions": [],
  "AssignableScopes": [
    "/subscriptions/{subscriptionId}"
  ]
}
```

RBACはサブスクリプション、リソースグループ、リソースに割り当てることができます。上位に適用した権限は、下位の対象にも適用されます。次の図のように、ユーザーAがサブスクリプションの所有者であれば、そこに所属するリソースグループ、リソースのすべてで所有者権限が与えられます。

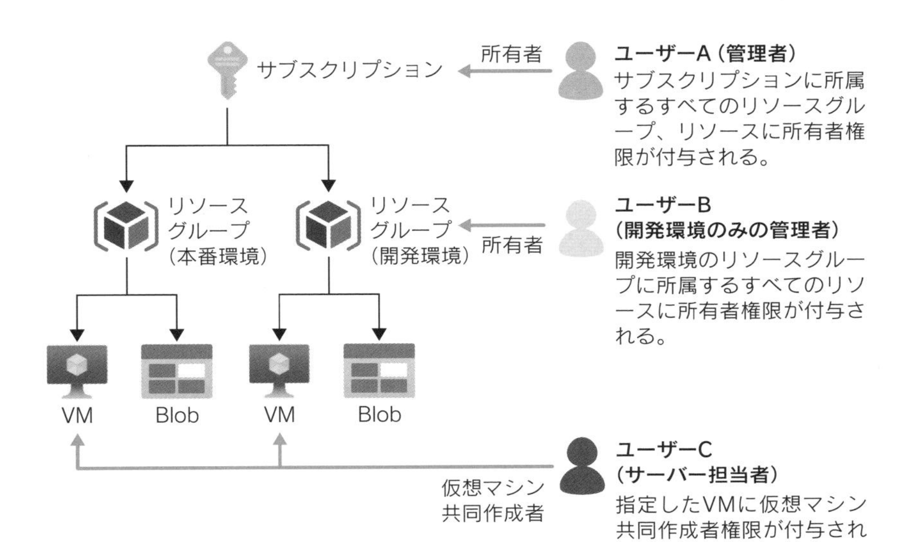

❑ RBACの適用イメージ

Azure Policy

Azure Policyを利用することでガバナンス上のルールを強制できます。たとえば、「リソースは東日本リージョンにしか作成してはいけない」「特定のインスタンスタイプしか利用してはいけない」といった制限をかけることができます。

Azure Policyの設定は、次のステップで行います。

1. **ポリシー定義を作成**：ポリシー定義は、ユーザーが新規に作成することもできますし、Azureで用意されているビルトインのポリシー定義を利用することもできます。

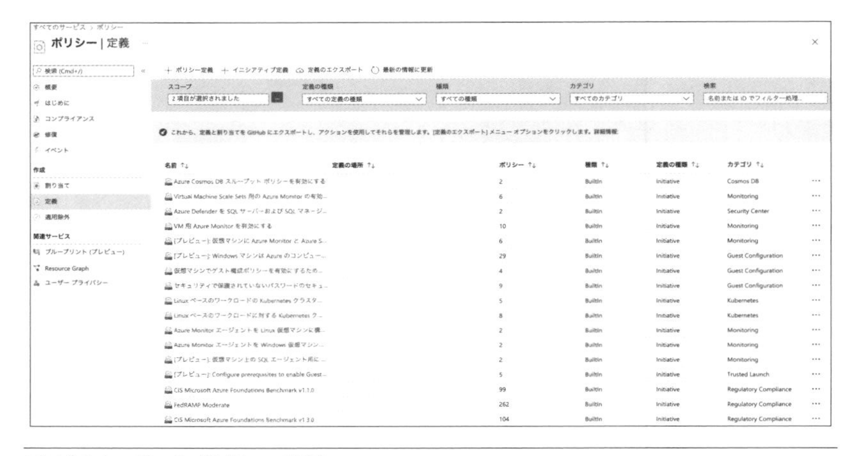

❏ ビルトインのポリシー定義

複数のポリシー定義をまとめたい場合は、**イニシアチブ**が利用できます。

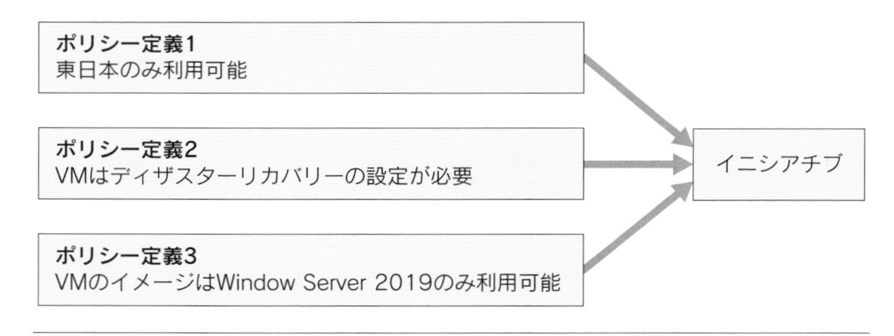

❏ 複数のポリシー定義をイニシアチブでまとめるイメージ

2. **ポリシー定義、またはイニシアチブを割り当てる**：ポリシー定義、またはイニシアチブは、管理グループ、サブスクリプション、リソースグループに割り当てることができます。

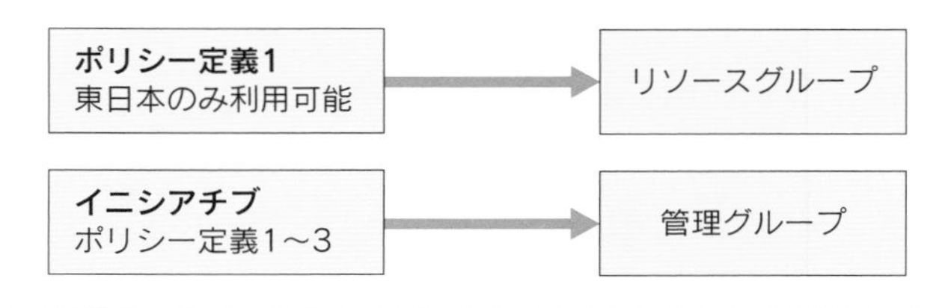

❏ ポリシー定義やイニシアチブをグループに割り当てる例

3. **評価の結果を確認**：既存のリソースに対してポリシー定義の評価が実行されると、準拠または非準拠としてマークされます。非準拠にマークされたからといって、リソースが削除や変更されるような影響はありません。非準拠のリソースについては評価の結果を確認し、ポリシー定義に従うのに必要な対応を行ってください。

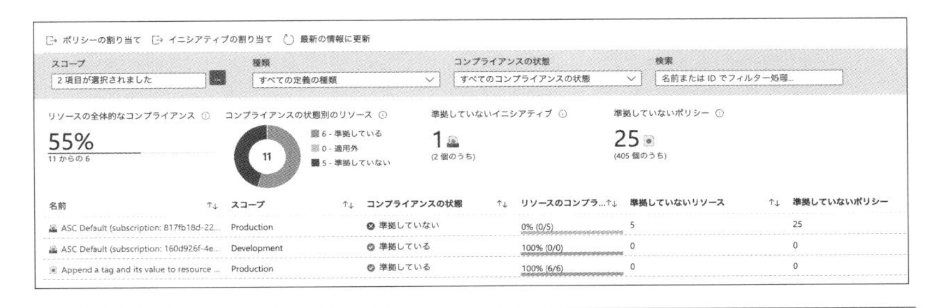

❏ 評価結果のイメージ

Azure Blueprints

複数のサブスクリプションがある環境では、環境ごとにAzure PolicyやRBACを設定していく作業が煩雑になっていきます。**Azure Blueprints**はAzure PolicyやRBACの設定をテンプレート化し、複数のサブスクリプションに割り当てることで、適切なガバナンスで管理された環境を迅速に構築することができます。ARM（Azure Resource Manager）テンプレートやリソースグループを扱うこともできます。

Azure Blueprintsの設定は次のステップで行います。

1. **Azure Blueprintsの作成**：Azure Blueprintsには、一から作成する方法とあらかじめ用意されているサンプルから作成する方法があります。たとえば「CAFの基本」を選択すると、CAF（Cloud Adoption Framework for Azure）というマイクロソフトが提供する実証済みのベストプラクティスをベースとしたAzure Blueprintsを作成することができます。

❏「CAFの基本」を選択し、Azure Blueprintsを作成

2. **Azure Blueprintsを割り当てる**：作成したAzure Blueprintsを、対象としたいサブスクリプションに割り当てます。

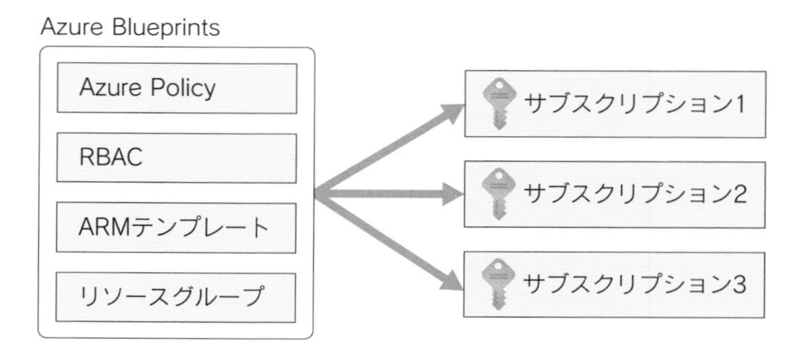

❏ Azure Blueprintsの割り当てイメージ

ロック

作成したリソースを誤って削除してしまうことを防止するために、Azureでは削除操作を**ロック**（Lock）することができます。リソースに直接設定することもできますし、リソースグループやサブスクリプションに設定し、含まれる

リソースすべてにロックをかけることも可能です。ロックした対象を削除したい場合は、**ロックの設定を削除する**必要があります。

❏ リソースグループにロックを追加する例

タグ

Azure上で稼働するリソースが増えるにつれ、管理も煩雑化していきます。増加した管理対象リソースは、**タグ**（Tag）を利用すると効果的に管理できます。タグは各リソースに**メタ情報**（追加情報）を付与します。

たとえば、開発環境、本番環境などの環境ごとにタグを付与し、各環境のコストをグループ化して管理することができます。タグは名前と値から構成されますが、使い方は特に決められていません。タグの使い方の例として、次の表に記載した種別管理、コスト管理、自動化などがあります。

❏ タグの例

種別管理	環境、利用部門、システムなど、種別を区別するために付与
コスト管理	同じタグが付与されたリソースのコストをグループ化して管理
自動化	特定のタグが付与されているリソースに対して、Azure DevOpsなどから自動化されたタスクを実行

❏ タグを付与するイメージ

管理グループ

複数のサブスクリプションがある場合、それぞれのサブスクリプションのポリシー、ガバナンスを効率的に管理することが重要になります。第3章でも紹介したAzureの**管理グループ**は、複数のサブスクリプションをまとめて管理でき、統一したポリシー、ガバナンスを適用することができます。

▶▶▶ 重要ポイント

- ガバナンスポリシーを強制するにはAzure Policyが有効。また、イニシアチブにより複数のポリシー定義をグループ化できる。
- Azure BlueprintsはAzure Policy、RBAC、ARMテンプレートなどをテンプレート化し、サブスクリプションに適用できる。
- ロックにより、誤ってリソースが削除されるのを防ぐことができる。
- タグにより、リソースにメタ情報を付与し管理できる。
- 利用部門ごとにコストをグループ化したい場合はタグを利用する。
- 複数のサブスクリプションを管理する場合は管理グループが有効。

11-2 コンプライアンス

Azureは、第三者が定義した多くのコンプライアンス基準に準拠しています。自社で管理しているシステムがこれらに準拠している必要がある場合、Azure（マイクロソフト）が対応している部分については利用者が対応する必要はありません。

ここでは、具体的にAzureが対応しているコンプライアンス基準と、評価で活用できる機能を紹介します。

Azureが準拠しているコンプライアンス

以下に、代表的なコンプライアンス基準と、各種基準を策定する組織を示します。

- **GDPR**（**EU一般データ保護規則**、General Data Protection Regulation）：欧州連合（EU）内のすべての個人のためにデータ保護を強化し、統合することを意図している規則です。
- **ISO**（International Organization for Standardization）：162の標準化団体で構成される、国際規格の世界的相互扶助を目的とする独立組織です。
- **NIST**（National Institute of Standards and Technology）：米国の国立標準技術研究所で、米国の技術革新と産業競争力を促進することを目的とした組織です。

これらの組織が策定したコンプライアンス基準に対するAzureの最新の対応状況は、**Azureコンプライアンスドキュメント**のページで確認できます。クラウドは日々進化しているので、コンプライアンスを評価する際は最新の情報を確認するようにしてください。

Azureコンプライアンスドキュメント
URL https://docs.microsoft.com/ja-jp/azure/compliance/

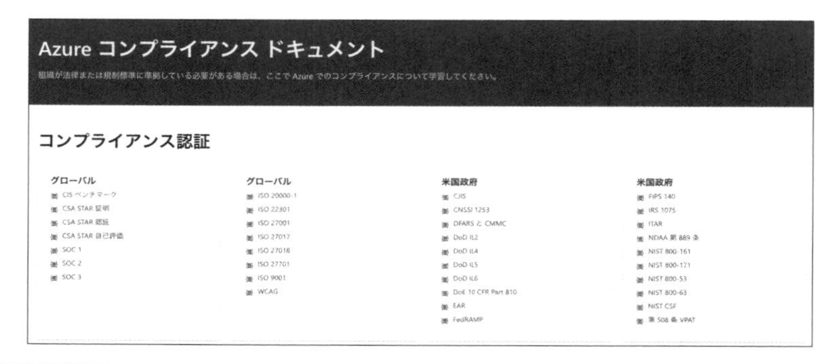

❏ Azureコンプライアンスドキュメント

トラストセンター

マイクロソフトの**トラストセンター**では、マイクロソフトが提供するクラウド製品のセキュリティ、プライバシー、コンプライアンス、ポリシーに関する情報が提供されています。

📖 トラストセンター

URL https://www.microsoft.com/ja-jp/trust-center/compliance/regional-country-compliance

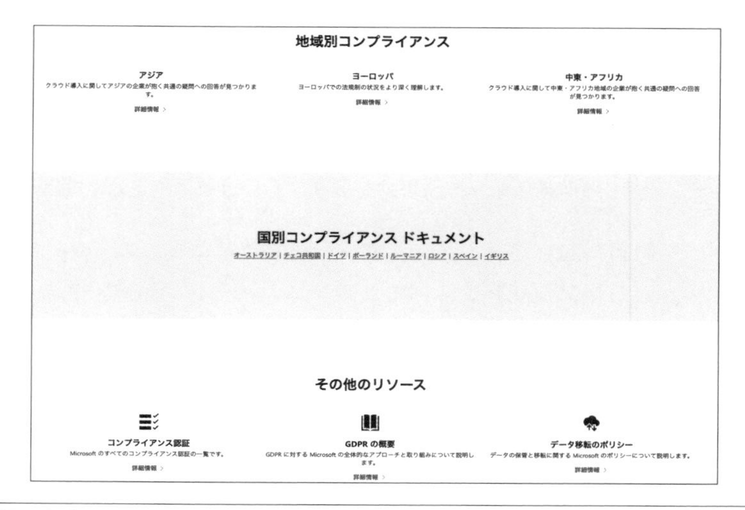

❏ トラストセンター

コンプライアンスマネージャー

コンプライアンスマネージャー（Microsoft Purviewコンプライアンスマネージャー）は、Microsoft Purviewコンプライアンスポータルから利用できる機能で、一般的な業界標準・規制に対する評価、または独自のコンプライアンスに対してのカスタム評価が行えます。**Microsoft Purviewコンプライアンスポータル**はコンプライアンス要件の管理に必要となるデータとツールの総合サイトです。

▶▶▶ **重要ポイント**

- GDRPは欧州連合（EU）内のすべての個人のためのデータ保護規則。
- ISOは国際規格を制定する独立組織。
- コンプライアンス準拠の評価にはコンプライアンスマネージャーが有効。

Azure Government

Azure Governmentは、米国連邦政府機関、自治体のセキュリティとコンプライアンスの要件に対応する特殊なリージョンです。一般提供されているAzure環境とは分離されています。一般ユーザーは利用できず、一部の米国政府機関、米国政府の請負業者だけが利用できるようになっています。

Service Trust Portal

Service Trust Portalは、マイクロソフトのクラウドサービスに関連するセキュリティとコンプライアンスに関する情報を提供します。この情報には、データの保護、コンプライアンス基準の遵守、セキュリティポリシーの適用などが含まれます。Service Trust Portalを通じてマイクロソフトのサービスがどのように保護され、規制や法的要件に準拠しているかについての情報を確認することができます。

📖 Service Trust Portal

URL https://servicetrust.microsoft.com/

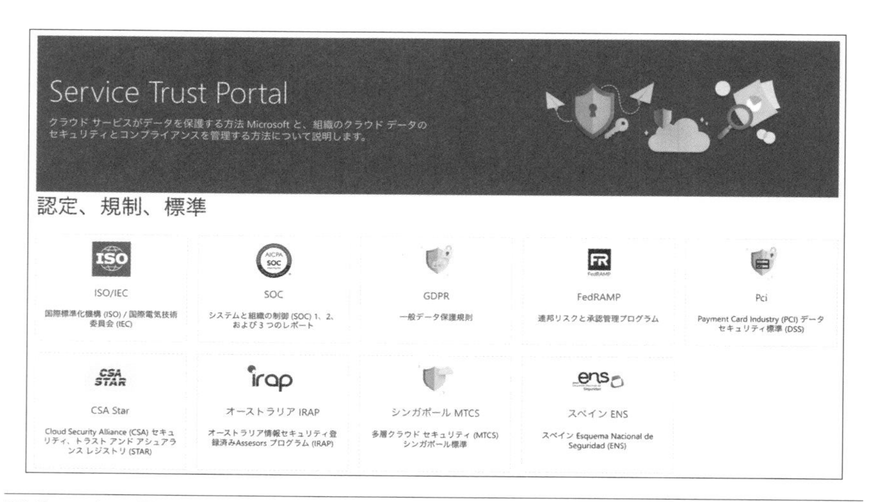

❏ Service Trust Portal

マイクロソフトのデータの取り扱い

セキュリティ、プライバシー、およびコンプライアンスに関するマイクロソフトのアプローチについて、下記の3つのドキュメントで確認することができます。

- **プライバシーに関する声明**：マイクロソフトがサービス利用者から収集する個人データ、その用途、およびその目的を記載しています。
- **オンラインサービス条件**：データの処理とセキュリティに関するマイクロソフトとサービス利用者の義務が定義されています。
- **Data Protection Addendum**：マイクロソフトのオンラインサービスにおける法令の遵守、データの開示、データセキュリティのプラクティスとポリシー、データの転送、保持、削除などのデータ処理とセキュリティの条件が定義されています。

本章のまとめ

- RBACにより、ユーザーへ付与する権限を制御できる。
- Azure Policyはリソースを制御または監査するのに役立つ。
- Azure Blueprintsは、複数のサブスクリプションへ効率的にガバナンスを適用するのに役立つ。
- ロックにより、リソースが誤って削除されることを防げる。
- タグにより、リソースにメタ情報を付与して管理できる。
- 管理グループは複数のサブスクリプションの管理を効率化する。
- トラストセンターで、マイクロソフトが提供するクラウド製品のセキュリティ、プライバシー、コンプライアンス、ポリシーに関する情報を確認できる。
- コンプライアンスマネージャーはコンプライアンス評価に役立つ。
- Azure Governmentは米国政府機関、米国政府の請負業者などが利用できる特殊なリージョン。

章末問題

問題1

サブスクリプションが複数ある環境下で、Azureリソースのコンプライアンスを管理する機能は以下のうちどれですか？

A. Azure Policy
B. 管理グループ
C. リソースグループ

問題2

複数の部門で1つのAzure環境を利用しています。部門ごとにリソースを管理する方法として正しいものをすべて選択してください。

A. 部門ごとにリソースグループを分ける
B. 部門ごとにサブスクリプションを分ける

C. 部門ごとにAzure Active Directory（Microsoft Entra ID）を分ける
D. 部門ごとにNSGを分ける

問題3

本番環境用のリソースグループでは新規にストレージを作成させたくありません。仮想マシンなど他のリソースの作成は許可したいと考えています。この要件を満たすための機能は下記のうちどれですか？

A. 管理グループ
B. タグ
C. Azure Policy
D. Azure Advisor

問題4

以下のうち、Azure Blueprintsでテンプレート化できる機能をすべて選択してください。

A. Azure Policy
B. Microsoft Defender for Cloud
C. ARMテンプレート
D. Azure RBAC
E. サブスクリプション

問題5

あらゆる業界での国際標準を定めている国際組織は以下のうちどれですか？

A. NIST
B. ISO
C. PCI DSS
D. Azure Government

問題6

EUでの個人データ保護を強化し統合することを意図している規則は以下のうちどれですか？

A. Azure Government
B. NIST
C. ISO
D. GDPR

問題7

自社のAzure環境がコンプライアンスに準拠しているか評価するための機能は以下のうちどれですか？

A. 管理グループ
B. ナレッジセンター
C. トラストセンター
D. コンプライアンスマネージャー

問題8

複数の部門でAzureを使っています。部門ごとに課金情報を確認できるようにするには下記のどの機能を利用するのが適切ですか？

A. タグ
B. Azure Blueprints
C. ARMテンプレート
D. Azure RBAC

章末問題の解説

✓解説1

解答：B. 管理グループ

管理グループは複数のサブスクリプションを束ねて管理する機能です。Azure Policy単体では複数のサブスクリプションを管理することができません。

✓ 解説2

解答：A. 部門ごとにリソースグループを分ける、B. 部門ごとにサブスクリプションを分ける

複数の部門で利用している場合、サブスクリプション、またはリソースグループで分離することによりコスト、権限などを分けて管理することができます。Azure Active Directory（Microsoft Entra ID）を分けて管理することも可能ですが、ユーザー管理、サブスクリプション、リソースグループすべてが分離されるため管理対象が増え、選択肢A、Bと比較して運用が複雑化します。また、NSGはIPアドレスとポート番号によるネットワークレイヤーでの制御のため、部門ごとのリソース管理としては不十分です。

✓ 解説3

解答：C. Azure Policy

Azure Policyは、特定のリソースのみ作成を許可するなどのポリシーを定義し、利用者に強制することができます。

✓ 解説4

解答：A. Azure Policy、C. ARMテンプレート、D. Azure RBAC

Azure Blueprintsでテンプレート化できるのは、選択肢ではAzure Policy、ARMテンプレート、Azure RBACです。

✓ 解説5

解答：B. ISO

ISOは国際規格の世界的相互扶助を目的とする独立組織です。

✓ 解説6

解答：D. GDPR

GDRPは欧州連合（EU）内のすべての個人のためにデータ保護を強化し、統合することを意図している規則です。

✓ 解説7

解答：D. コンプライアンスマネージャー

コンプライアンスマネージャーは、一般的な業界標準・規制に対する評価、または独自のコンプライアンスに対するカスタム評価が行えます。

✓ 解説8

解答：A. タグ

リソースにタグを付与することで、同じタグのリソースをグループ化してコスト管理することができます。

第12章
コスト管理と サービスレベルアグリーメント

第12章では、Azureにおけるコスト管理の方法と、Azureサービスを利用する上で重要となるSLA（サービスレベルアグリーメント）について解説します。Azureは構成の自由度が高く、継続的に進化しているためにサービスの新規発表と終了が頻繁に発生する可能性があります。自分たちが構成するシステムのコストを最適化し、システムを安定稼働させるためには何をすればよいのか、学んでいきましょう。

12-1
コストの計画と管理

Azureをはじめとするクラウドは、システム支出の柔軟性を高め、うまく活用することでコスト削減ができるシステム提供形態です。一方で、構成の自由度が高いがゆえに、意図せずコストの高い構成にしてしまうこともあります。そのため、数多くあるコスト削減オプションを知っておくことは、システム投資コストの最適化に役立ちます。

それではAzureのコスト計画と管理方法について見ていきましょう。

Azureのコスト変動要素

Azureでシステムを構成する場合、使用するサービスの種類やスペック、作成するリージョンによってコストが変動します。そして従量課金モデルのため、仮想マシンを起動していた時間の長さやディスクに保存したデータサイズによってもコストが増加します。さらに、Azureの可用性ゾーンから外部に向かって送信されるデータ転送についても、原則としてデータ転送量に応じたネットワークコストがかかります。

Azureでシステムを構築・運用する場合、何がコスト変動要素になるのかを把握しておくことはコスト最適化のために重要です。

Azure Virtual Machinesの代表的なコスト変動要素

Azure Virtual Machinesで仮想マシンを構築する際、以下の要素がコスト変動要素となることは意識する必要があります。コストがかかるものが不要になった場合は、すみやかに変更しましょう。

❏ Azure Virtual Machinesの代表的なコスト変動要素

コスト変動要素	説明
リソースを作成するリージョン	リージョンごとに価格が異なることがある
仮想マシンのスペック	割り当てるリソースの大きい仮想マシンほど高い
使用するOS	Windows Serverのほうが Linuxよりも高い
割り当てるパブリックIPアドレス	静的パブリックIPアドレスはコストがかかる。なお、ネットワークインターフェイスやVNet、NSGにはコストがかからない
稼働時間(リソース割り当て時間)	仮想マシンにリソースを割り当てている時間に応じてコストが発生する(リソース割り当てを解除すると仮想マシンのコストはそれ以上発生しない)

データ通信による課金

Azureでは、可用性ゾーン(データセンター)内のデータ転送については無料ですが、可用性ゾーンから外に向かうデータ転送の送信側(自分から送る場合)については、データ転送使用量に応じた課金が発生します。

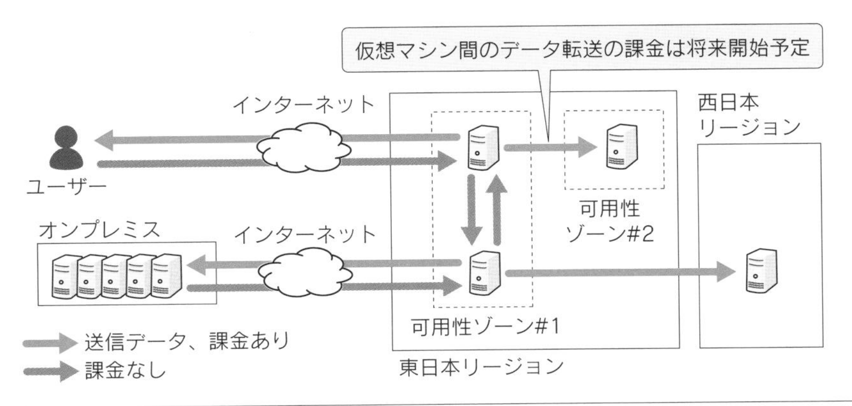

❏ 通信コスト発生箇所

たとえば、Azureでのシステム構成として、ディザスターリカバリー(DR)を意識してシステムをリージョン間冗長構成にし、定期的なデータレプリケーションをさせたり、Azureをオンプレミスシステムのバックアップデータ保管場所としてハイブリッドクラウド構成にしたりすることがあります。

この例では、リージョン間のデータ転送は送信側のみ通信コストが発生します。一方、オンプレミスシステムからAzureに送信するデータに関してはAzure

から見ると受信のデータ転送ですので通信コストの課金対象ではありません。どこからどこに向けたデータ転送であるかは、しっかり整理しておくようにしてください。

▶▶▶重要ポイント

- Azureのサービスはリージョンやマシンスペックなどによりコストが変動する。
- 不要になった仮想マシンの割り当てを解除したり、不要になったパブリックIPアドレスを削除するとコスト削減ができる。
- Azureのデータ転送については、可用性ゾーンから外側に向けて送信されるデータ転送使用量に応じてコストが発生する。

Azureのコスト削減オプション

Azureには多様なコスト削減オプションが存在します。たとえば、Azure Virtual Machinesで1年あるいは3年間継続して使用予定の仮想マシンには、**Azure Reserved VM Instances**を使用して予約購入をします。オンプレミスでWindows ServerやSQL Serverを利用していてライセンスを保有している場合は、**Azureハイブリッド特典**(Azure Hybrid Benefit)を使用します。処理途中でシャットダウンされても問題ない仮想マシン処理には、**Azure Spot Virtual Machines**の使用を検討するなど、コスト削減できる余地を探してください(詳細については第4章を復習してください)。

先ほど紹介したように、Azureは仮想マシンのマシンタイプによってコストが変動します。第11章で紹介した**Azure Policy**を使用して、リソース作成できるマシンタイプの種類を制限することで、誤って大きなサイズの仮想マシンが作成されることをシステム管理者が制限できます。

Azureでは1つのサブスクリプションで作成できるリソースグループやストレージアカウントの数の制限が元々設定されています。これを**クォータ**(Quota)といいます。正しい使用法で制限値に到達してしまった場合は、Azure Portalのクォータの画面からセルフサービスで申請するか、Help + Support(ヘルプとサポート)からクォータの増加を要求できます。

▶▶▶ **重要ポイント**

- Azure Virtual Machinesには、Azure Reserved VM InstancesやAzureハイブリッド特典などのコスト削減オプションが存在する。

Azureのコスト計画ツール

Azureの使用を検討する場合、まずはコスト計画が必要になります。Azureでは、総保有コスト（TCO）計算ツールと料金計算ツールというコスト計算ツールが提供されています。これらはAzureのアカウントやサブスクリプションを作成しなくても使用できます。

総保有コスト（TCO）計算ツール

オンプレミスシステムをすでに持っているシステム利用者がAzureへの移行を検討する場合、Azureを使うことでどの程度コストメリットが得られるか、おおまかでも把握したいという場合があると思います。そのときは、**総保有コスト（TCO）計算ツール**（TCO Calculator）を使用することで概算ができます。**TCO**は「Total Cost of Ownership」の略です。

総保有コスト計算ツールは、移行対象のオンプレミスシステムの規模を入力することで、システムコストだけでなく、一般的な運用コストの削減幅も試算してくれます。

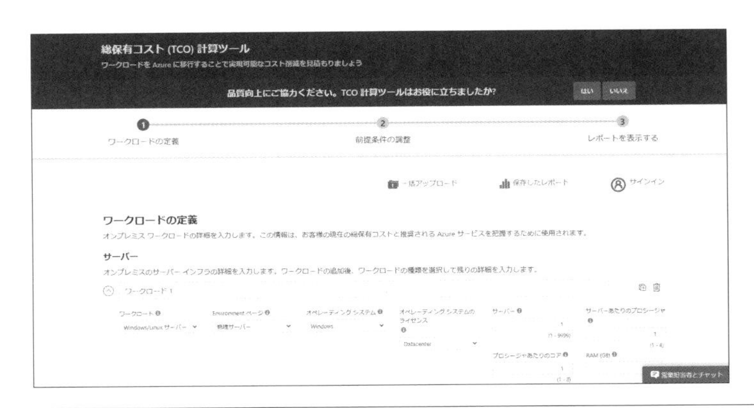

❏ 総保有コスト（TCO）計算ツール

📖 総保有コスト(TCO)計算ツール

URL https://azure.microsoft.com/ja-jp/pricing/tco/calculator/

料金計算ツール

Azureの利用検討が進んできて、どのサービスをどのように組み合わせてシステムを構成するかの詳細が決まったとします。そのシステム構成を元に、具体的にいくらコストがかかるのかを計算できる便利なツールが**料金計算ツール**(Pricing Calculator)です。たとえば、Azure Virtual MachinesとAzure SQL Databaseを組み合わせたシステムにかかるコストをWeb上で計算できます。

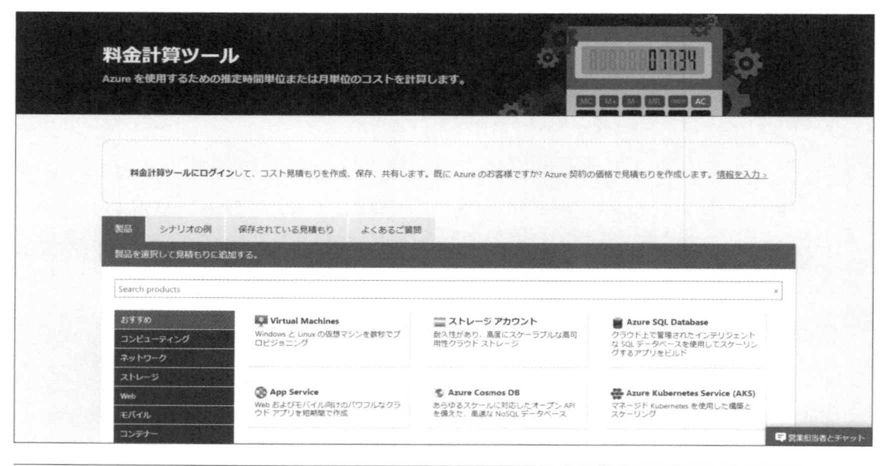

❏ 料金計算ツール

📖 料金計算ツール

URL https://azure.microsoft.com/ja-jp/pricing/calculator/

▶▶▶ 重要ポイント

- オンプレミスからAzureに移行した場合のコストメリットの計算は総保有コスト(TCO)計算ツールで行う。
- Azureで実際にリソースを作成した場合のコストの計算は料金計算ツールで行う。

Azureのコスト管理ツール

Azureでシステムを構築した後も、実際に運用していく中でシステムの利用状況は変化します。そこで役立つのがコスト最適化アクションを推薦してくれるAzure Advisorと、コストの内訳を示してくれる「コストの管理と請求」です。

Azure Advisor

第9章で紹介した**Azure Advisor**は、Azure Portalから参照できるツールです。たとえば、まったく使用されていなかったり、使用率があまり高くなかったりする仮想マシンを見つけて警告してくれます。Azure利用者は、該当の仮想マシンの割り当てを解除したり、よりリソースの小さな仮想マシンにスケールダウンさせたりすることにより無駄なコストの発生を抑えられます。

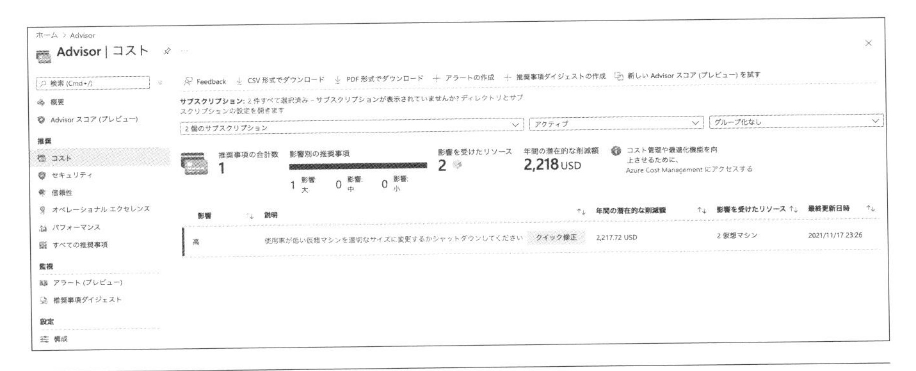

❑ Azure Advisor

コストの管理と請求

Azureで実際に使用されたコストの内訳は、Azure Portal上の**コストの管理と請求**（Cost Management + Billing）で確認できます。

コストの管理と請求は、サブスクリプションやリソースグループにコスト分析範囲（スコープ）を絞って表示したり、**予算**（Budget）を設定して、Azureの使用料金が一定額を超えた場合にEメールで通知するように構成できたりします。

コストの管理と請求の活用方法の中でも特に重要なのが、第11章で紹介した**タグ**（Tag）を使った分類方法です。同じサブスクリプション内で、たとえば「本番環境」と「開発環境」でそれぞれいくらかかったかを分類したいとします。このとき、リソースに「本番環境」あるいは「開発環境」を示すタグを付けておくと、コストの管理と請求の画面で分類して表示することができます。

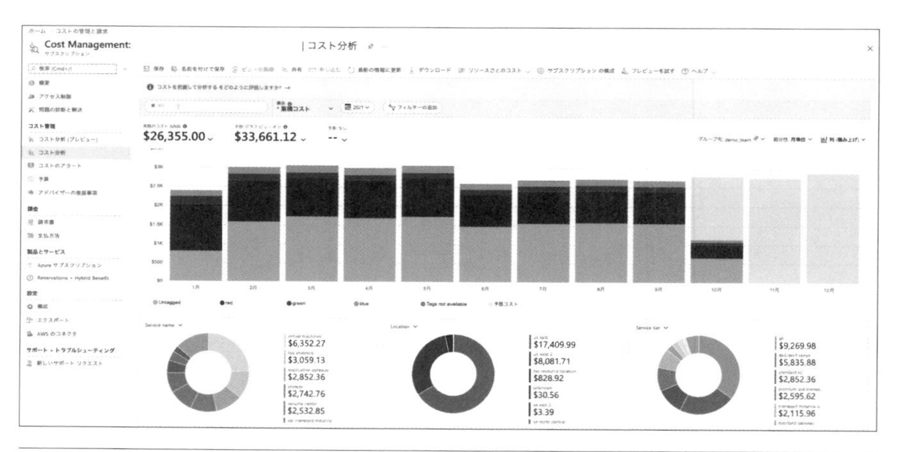

❏ コストの管理と請求

▶▶▶重要ポイント

- Azure Advisorを参照し、未使用であったり、使用率の低かったりするリソースを特定できる。該当するリソースは、割り当て解除やスケールダウンすればコスト削減ができる。
- コストの管理と請求でコストの内訳を参照できる。サブスクリプションやリソースグループ単位で参照範囲を絞って分析できる。
- リソースにタグを使うと、コストの管理と請求の画面で、より細かい分類で表示できる。

12-2

サービスレベルアグリーメントとサービスライフサイクル

どんなに優れた機能や応答性能を提供するシステムであっても、必要なときに稼働していなければシステムとしての役割は果たせません。Azureで安定稼働するシステムを構成するには、サービスレベルアグリーメントとサービスライフサイクルを意識しておくことが重要になります。

サービスレベルアグリーメント（SLA）

マイクロソフトはAzureの稼働時間と接続性を保証する**サービスレベルアグリーメント**（Service Level Agreement、**SLA**）を定めています。SLAはマイクロソフトからAzure利用者に対して確約されるものです。Azureの実際の稼働率がSLAの定める基準を下回った場合、Azure利用者がマイクロソフトに対して申告を行うことで、**サービスクレジット**（Service Credit）がAzure利用者に適用され、次回以降の支払が割引されます。

ここで、2-2節のコラム「稼働率」で紹介した稼働率の計算方法を復習します。稼働率は、「①システムを使えた時間（MTBF）」を分子とし、「理論上システムを使えたはずの最大時間」を分母として算出する1以下の数値です。分母は「①システムを使えた時間（MTBF）」と「②システムを使えなかった時間（MTTR）」の合計と同じです。稼働率はパーセント表記されることも多く、稼働率が0.99の場合は100を掛けて「99%」と表記されます。

$$\text{稼働率} = \frac{\text{①MTBF}}{\text{①MTBF} + \text{②MTTR}}$$

❏ 稼働率の計算

SLAは月単位で評価され、前月の稼働率がSLAで定められた基準を下回った場合に、該当サービスの利用料金の範囲でサービスクレジットを受け取る権利が発生します。サービスクレジットの受け取りにはAzure利用者の申告が必要です。通常、実際の稼働率が基準を下回る度合いが大きいほどサービスクレジットのサービス利用料金に対する割合が増加します。なお、システムが使えなかったことに伴う機会損失の補償などはされません。また、銀行口座への現金の入金も行われません。

▶▶▶重要ポイント

- Azureはサービスレベルアグリーメント(SLA)で稼働率の保証がされている。
- 実際の稼働率がSLAの保証する稼働率を下回った場合、申告すればサービスクレジットを受け取れる。

システム全体での稼働率とSLAの考慮

通常、システムは複数のサービスやコンポーネントを組み合わせて構成されます。Azure利用者は、自分たちが構成するシステム全体で目標となる稼働率とAzureのSLAを照らし合わせて妥当性を検討します。フォールトトレランスを意識してシステムを構成することでシステム全体の稼働率が向上します。

たとえば、Webサーバーとデータベースサーバーを1台ずつ直列で並べたWebサイトのシステムを構成したとします。このとき、この2種類のコンポーネントのSLAの保証稼働率が99.9%と99.99%だった場合、システム全体として期待される稼働率はいくつでしょうか。

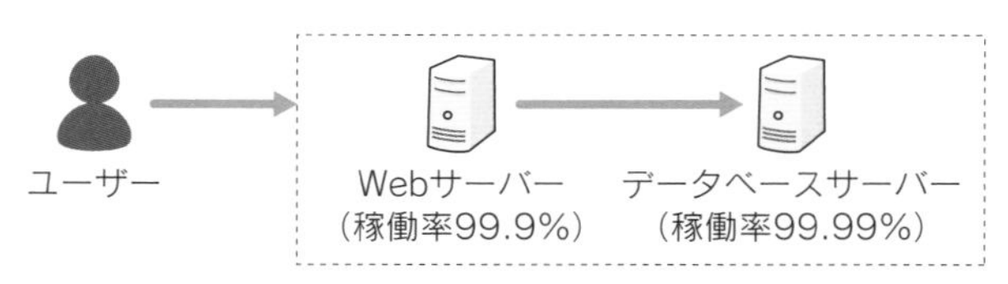

❏ 直列構成システム

この場合は、「99.9%×99.99%=約99.89%」になります。個々のSLAから導き出される稼働率よりもシステム全体の稼働率が下がるのは、2種類のコンポーネントのどちらか1つが止まっただけでも、システムとしては機能しなくなるためです。保守のしやすさなどを考慮してシステムコンポーネントを直列に分割することはありますが、稼働率という観点からは単純に直列に分割することはマイナス要素であり、システム全体の稼働率を下げてしまう場合があります。

一方、システム構成を工夫することでシステム全体の稼働率の減少幅を抑える方法もあります。先ほどのWebサイトのシステムのうち、最も稼働率の低いWebサーバー部分を3台並列で並べ、3台のWebサーバーのいずれかに処理を割り振るロードバランサー(負荷分散装置)をWebサーバーの前に配置します。設置するロードバランサーのSLAの保証稼働率は99.99%だったとします。

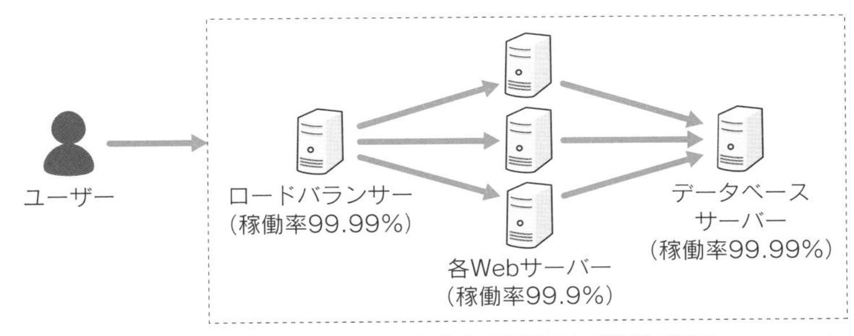

システム全体の稼働率：約99.98%

計算式：$99.99\% \times (100\% - (100\% - 99.9\%)^3) \times 99.99\% \fallingdotseq 99.98\%$

❑ Webサーバーを並列構成したシステム

この場合のSLAを計算すると、システム全体の稼働率が約99.98%になり、先ほどの例(99.89%)より稼働率が向上しました。これは、3台のWebサーバーのうち2台がダウンしてしまっても、1台でも動いていればシステムは稼働できるような構成になっているからです。

AZ-900試験では直列構成の計算式の理解までで、並列構成の計算式が問われることまではおそらくないと思いますが、覚えておいてほしいのは、**稼働率が低いコンポーネントをフォールトトレランスを意識した構成や高可用性構成にすることで、システム全体で見た稼働率を高められる**という点です。

たとえば、Webサーバーの用途でAzure Virtual Machinesを使用した場合、**可用性セット**(Availability Set、同一データセンターのラックやブレードレベルの冗長化)や**可用性ゾーン**(Availability Zones、異なるデータセンターレベルの冗長化)の使用を検討してください。SLAで、Azure Virtual Machines単体では99.9%の保証ですが、可用性セットでは99.95%、可用性ゾーンでは99.99%と稼働率を高めることができます。

パブリックプレビュープログラムと一般公開(GA)

Azureのサービスは、開発(プライベートプレビューを含む)期間を経て、**パブリックプレビュー**(Public Preview)としてAzure利用者全体で利用できるようになります。その後、**一般公開**(General Availability、**GA**)になります。

一般公開(GA)になることで、正式なカスタマーサポートや通常のSLAの保証対象となります。一般公開されたサービスが終了する場合、後継サービスの発表がないときには、サービス終了の12ヶ月前にはアナウンスがされるようになるなど、本番システムなどでより安心して使用できるようなります。

❏ パブリックプレビューと一般公開(GA)の比較

	パブリックプレビュー	一般公開(GA)
Azure利用者全員が使えるか	使える。Azure Portalから利用する。画面上にプレビューの表記あり	使える。Azure Portalから利用する
SLAによる保証	通常の保証は適用されない	保証される
カスタマーサポート	カスタマーサポート対象でないことがある	正式なカスタマーサポート
使用料金	無料、もしくは一般公開(GA)よりも安いことが多い	正規料金
サービス終了時の事前アナウンス	事前アナウンスの確約なし	後継サービスがない状態でのサービス終了の場合は、12ヶ月前にはアナウンスあり

開発期間、あるいは一部のAzure利用者に対して招待制で行われる**プライベートプレビュー**(Private Preview)を経て、Azureのサービスが誰でも利用できるようになるのはパブリックプレビューからです。このタイミングからAzure PortalでAzure利用者全員がリソース作成できるようになります。

パブリックプレビューと一般公開(GA)を比較すると、システムを構築するという観点ではあまり違いを感じられないかと思います。しかし、一般公開(GA)になるまではSLAの保証対象外で、正式なカスタマーサポートを受けられない、事前アナウンスなしで突然サービス終了が行われる可能性があるなどの制限があります。

パブリックプレビューの段階のサービスは、無料もしくは安価で使えるというメリットがあります。しかし、突然サービスが終了する可能性もあります。本番システムで使うことは禁止されていませんが推奨はされません。今後の評価目的の用途に留めることが無難です。パブリックプレビューの評価を行い、マイクロソフトに対してフィードバックすることで、サービスの改善に貢献できます。

重要ポイント

- パブリックプレビューの段階から、一般のAzure利用者がAzureサービスを利用できるようになる。
- 一般公開（GA）になると、SLAの保証対象となる。後継サービスなしでのサービス終了の事前アナウンス対象になるなど、本番システムでより安心して使えるようになる。

本章のまとめ

コストの計画と管理

- Azureサービスのコストは稼働時間や仮想マシンのサイズ、リージョンなどによって変動する。
- Azure Advisorのコスト削減推奨アクションなどを参考に、インスタンスのスケールダウンなどを検討する。
- Azureでは可用性ゾーンから外に向けて送信するデータのデータ転送量に応じて課金される。
- オンプレミスからAzureに移行した場合のコストメリットの計算は総保有コスト（TCO）計算ツールで行う。
- Azureで実際にリソースを作成した場合のコストの計算は料金計算ツールで行う。
- Azureサービスを使用した際のコスト内訳を知るには、コストの管理と請求を使用する。タグを活用することでコスト内訳の分類が細かくできる。

▶▶▶サービスレベルアグリーメントとサービスライフサイクル

- Azureではサービスレベルアグリーメント（SLA）が定められている。SLAで定められた稼働率を下回った場合、利用者が申告を行うことで、サービスクレジットが適用され、次回支払額が割引される。
- Azureサービスを複数組み合わせてシステムを構成する場合、システム全体での稼働率を考慮する必要がある。フォールトトレランスを意識した構成をとることで、稼働率を向上させられる場合がある。
- Azureのサービスは、「開発（プライベートプレビューを含む）→パブリックプレビュー→一般公開（GA）」というライフサイクルをたどる。プレビュー段階と一般公開（GA）の違いを意識して使用することが重要である。

章末問題

問題1

システムをオンプレミスからAzureに移行することでどの程度のコスト削減効果が見込まれるか概要を把握したい。この場合に使用するツールとして最も当てはまるものを1つ選択してください。

A. Azure Advisor
B. 料金計算ツール
C. 総保有コスト計算ツール
D. コストの管理と請求

問題2

Azure Virtual Machinesを使用したWebアプリケーションサーバーとAzure SQL Databaseを使用したデータベースサーバーからなるAzureのシステム構成案を作成した。このシステムのコストを計算するツールとして最も当てはまるものを1つ選択してください。

A. Azure Advisor
B. 料金計算ツール
C. 総保有コスト計算ツール
D. コストの管理と請求

問題3

以下のツールの中で、Azureアカウントの作成をしなくても誰でも使えるツールをすべて選択してください。

A. Azure Advisor
B. 料金計算ツール
C. 総保有コスト計算ツール
D. コストの管理と請求

問題4

Azureで作成したリソースの中で、未使用のリソースや使用率の低いリソースを発見し、リソースの削除やスケールダウンを行うことでコストを削減したい。該当するリソースを検出するツールとして最も当てはまるものを1つ選択してください。

A. Azure Monitor
B. Microsoft Sentinel
C. Azure Advisor
D. Azure Government

問題5

Azureのコストレポートを参照した際に、開発環境と本番環境のリソースでそれぞれどれだけのコストが発生したかを把握したい。そのため、開発環境と本番環境のリソースに対して［　　　　　　］を設定して分類できるようにした。空欄に入る正しい用語を選択してください。

A. クォータ
B. タグ
C. ロール
D. ロック

問題6

Azureリソースの使用コストが一定額に到達したときにEメールで通知させたい。この場合に使用するツールとして最も当てはまるものを1つ選択してください。

A. Microsoft Sentinel
B. Azure Resource Health
C. 予算

問題7

Azure Virtual Machinesを使用したサーバーシステムの構築・運用をしようとしている。以下のうち、コスト削減効果が期待できるものをすべて選択してください。

A. パブリックIPアドレスの構成を見直し、不要な静的パブリックIPアドレスを削減する
B. リソース管理方法を見直し、リソースグループとサブスクリプションの数を削減する
C. サービス時間外にVirtual Machinesインスタンスを割り当て解除する

問題8

以下の選択肢のうち、Azure Virtual Machinesのコスト削減策として適当なものをすべて選択してください。

A. 1年間継続利用が見込まれる仮想マシンに予約インスタンスを使用する
B. オンプレミスのWindows ServerライセンスをAzureに持ち込む
C. 連続稼働が必要ない仮想マシンにスポットVMを使用する
D. Azure Policyを使用して誤って大きなサイズの仮想マシンが作成されないように制限する

問題9

Azureのネットワーク通信について、データ転送量に応じてコストが発生するものをすべて選択してください。

A. Azure内のリージョン間のデータ転送（送信）
B. Azure内のリージョン間のデータ転送（受信）
C. Azure内の同じ可用性ゾーン内のデータ転送（送信）
D. Azure内の同じ可用性ゾーン内のデータ転送（受信）
E. オンプレミスからAzureに対するデータ転送
F. Azureからオンプレミスに対するデータ転送

問題10

Azure App ServiceのBasicサービスプランでアプリを稼働させている。SLAを確認すると、「FreeまたはSharedレベルを除く、すべてのアプリが99.95%の時間において利用可能であることが保証される」という文言があった。ある月（30日を前提とする）において、累計で30分間App Serviceのアプリが利用できなかった。稼働率を計算すると約99.93%だった。この場合はサービスクレジット保証対象となるでしょうか？

A. サービスクレジット保証対象となる
B. サービスクレジット保証対象とならない

問題11

フロントのWebサーバーにApp Service、バックエンドのデータベースサーバーにSQL Databaseを使用したシステムを構築した。それぞれのSLAを確認するとApp Serviceは99.95%、SQL Databaseは99.99%だった。このシステムで保証されている稼働率についての説明として最も当てはまるものを1つ選択してください。

A. 99.99%より高い
B. 99.99%
C. 99.95%より高く99.99%より小さい
D. 99.95%
E. 99.95%より小さい

問題12

WebサーバーにAzure Virtual Machinesを使用する。Azure Virtual MachinesのSLAで保証されている稼働率は99.9%である。このAzure Virtual Machinesに可用性セットオプションを使用した場合、稼働率はどのように変化するでしょうか？

A. 99.9%よりも上がる
B. 99.9%のまま変わらない
C. 99.9%よりも下がる

問題13

Azureのサービスがパブリックプレビュープログラムから一般公開（GA）に変更になった。パブリックプレビューと比較した際のGAの違いとして最も当てはまらないものを1つ選択してください。

A. 今後はSLAの保証対象となる
B. 通常のAzure Portalからでも該当サービスのリソースが作成可能になる
C. 該当サービスが後継サービスなしでサービス廃止される場合、12ヶ月前までには通知されるようになる
D. 正式なカスタマーサポートの対象となる

章末問題の解説

✓ 解説1

解答：C. 総保有コスト計算ツール

Azureでは、コスト計画に「料金計算ツール」と「総保有コスト（TCO）計算ツール」、コスト管理には「Azure Advisor」と「コストの管理と請求」が使用できます。コスト計画ツールはAzureの使用を検討するタイミングで使い、コスト管理ツールはAzureの使用を開始してから使います。

オンプレミスからAzureに移行した場合のコストメリットを計算するのは総保有コスト（TCO）計算ツールです。

料金計算ツールはAzureの個々のサービスの料金を計算できるツールですが、オンプレミスと比較した場合のコスト削減効果は計算できません。「オンプレミスとの比較」を問われた場合は総保有コスト計算ツールと覚えましょう。

✓ 解説2

解答 B. 料金計算ツール

Azureのどのサービスをどのような構成で組み合わせるかの検討が進んだ段階での料金計算には、料金計算ツールを使用します。

総保有コスト（TCO）計算ツールはオンプレミスシステムの構成情報を入力して、Azureに移行した場合のコストメリットを計算するツールですので、問題文の状況には適しません。コストの管理と請求は実際にAzureの使用を開始した後に発生したコストを把握するためのツールですので、システム構成案を作成した段階のコスト計算には使えません。Azure Advisorもコスト計算には使えません。

✓ 解説3

解答 B. 料金計算ツール、C. 総保有コスト計算ツール

コスト計画用のツールはAzureの使用を検討するタイミングで使うツールです。そのため、料金計算ツールと総保有コスト計算ツールは、Azureアカウントやサブスクリプションを作成しなくても誰でも使えます。

AのAzure AdvisorとDのコストの管理と請求は、Azureアカウントとサブスクリプションを作成した後に使えるツールです。

✓ 解説4

解答 C. Azure Advisor

Azure Advisorは、Azureリソースについてベストプラクティスと比較した推奨対応事項を提案してくれるツールです。問題文で示すような未使用リソースや使用率の低いリソースに対してもコスト削減のための推奨対応事項を提案してくれます。

Azure Advisorのコスト削減アクションは、実際のコストの内訳を示す「コストの管理と請求」の画面にも表示されます。それ以外の選択肢はコスト管理とは直接関係ありません。

Azure MonitorはAzureサービスの統合監視サービス、Microsoft Sentinelはセキュリティ管理サービス、Azure Governmentは米国政府向けの特別なリージョンです。雰囲気の似た名前のサービスは機能や利用シーンを区別できるようにしておくことが重要です。

✓ 解説5

解答B. タグ

Azureのリソースに対して、本番環境あるいは開発環境を示すタグを設定しておけば、「コストの管理と請求」の画面でタグ別でコストの内訳を分類できます。

ロールはユーザーなどに対するリソースアクセス制御に使用するものです。ロックは誤ってリソースが削除されることなどを防ぐ機能です。クォータはAzureにおける制限のことで、たとえば「1つのサブスクリプションには980個までしかリソースグループが作成できない」という制限事項があります。

✓ 解説6

解答C. 予算

予算は、コストの管理と請求(Cost Management + Billing)の機能で、Azureの使用コストが一定額に到達したらEメールで通知させる場合に使用できます。

Microsoft Sentinelはセキュリティインシデントを管理するツールで、使用コストとは関係がありません。Azure Resource Healthはリソースの可用性に影響するイベントを確認するツールで、こちらも使用コストとは関係がありません。

✓ 解説7

解答A. パブリックIPアドレスの構成を見直し、不要な静的パブリックIPアドレスを削減する、C. サービス時間外にVirtual Machinesインスタンスを割り当て解除する

静的パブリックIPアドレスは使用料金が発生するので、使用するアドレスの数を減らすことでコストが削減できます。

リソースグループやサブスクリプションは新規に作成しても追加コストが発生しないため、数を減らしてもコスト削減効果はありません。

Virtual Machinesインスタンスを割り当て解除すると使用料金が発生しないためコストが節約できます。この問題であわせて復習したいのは、割り当て解除の方法です。仮想マシンのOS上でシャットダウンコマンドを実行しても、仮想マシンがパワーオフの状態になっているだけで、コンピューティングリソースが解放されているわけではないので課金は継続します。コスト削減のためには、Azure Portal上から該当リソースを停止させるなどして、割り当て解除状態になったことを必ず確認してください。

✓ 解説8

解答 A. 1年間継続利用が見込まれる仮想マシンに予約インスタンスを使用する、B. オンプレミスのWindows ServerライセンスをAzureに持ち込む、C. 連続稼働が必要ない仮想マシンにスポットVMを使用する、D. Azure Policyを使用して誤って大きなサイズの仮想マシンが作成されないように制限する

A、B、Cは第4章で紹介した内容です。これらのコスト削減オプションを利用すると、通常の方法で仮想マシンを作成するのに比べてコストを削減できます。Dは第11章で紹介した内容です。作成を許可されている仮想マシンサイズ（SKU）を定義し、コストがかかる大きなサイズの仮想マシンが誤って作成されることをシステム的に防止できます。

✓ 解説9

解答 A. Azure内のリージョン間のデータ転送（送信）、F. Azureからオンプレミスに対するデータ転送

Azureでは、「データセンター（可用性ゾーン）を越えたデータ転送の送信側のデータ送信量に応じてコストが発生する」というのが基本的な考え方です。可用性ゾーンをまたがる仮想マシン間のデータ転送は今後課金が開始されるという例外を除くと、「可用性ゾーンを越えた通信か」というポイントと、「送信側か（自分が送るのか）」というポイントで整理することが重要です。

CとDは同じ可用性ゾーン内でのデータ転送ですのでコストがかかりません。それ以外の4つの選択肢は可用性ゾーンを越えたデータ転送ですので、送信（つまりAzure可用性ゾーンから外に向かって送る）にあたるAとFのみデータ通信コストが発生します。

✓ 解説10

解答 A. サービスクレジット保証対象となる

実際の稼働率がSLA（サービスレベルアグリーメント）を下回った場合はサービスクレジットの保証対象です。問題文にあるように稼働率が99.93％で、SLAの99.95％を下回ったため、クラウド利用者が申請すればサービスクレジットを受け取れます。

✓ 解説11

解答 E. 99.95％より小さい

問題文のシステムは、フロントのWebサーバーとバックエンドのデータベースサーバーが直列構成されています。この場合は、両者の稼働率を掛け算する必要があり、計算式は「99.95％ × 99.99％ ＝約99.94％」となります。そのため、Eの「99.95％より小さい」が正答です。

直列構成のシステムは、接続されているコンポーネントのどれかが止まってしまったらシステム全体が使えなくなってしまいます。そのため、稼働率100％が保証されていない限り、個々のコンポーネントのSLAで保証された稼働率の最小値よりもさらに小さい値がシステム全体の稼働率になると覚えておいてください。

✓ 解説12

解答A. 99.9%よりも上がる

可用性セットは冗長オプションです。可用性セットを使用することでデータセンター内の異なるラックやブレードに仮想マシンが配置されます。そのため、ラック障害が発生しても仮想マシンが継続利用でき、稼働率が上昇します。AzureのSLAでは可用性セットは99.95%の稼働率が保証されます。

✓ 解説13

解答B. 通常のAzure Portalからでも該当サービスのリソースが作成可能になる

Azureのサービスがパブリックプレビューから一般公開（GA）に変更になると、正式なカスタマーサポートの対象となり、SLAが保証されるようになります。また、クラウドはサービスの発表、終了が頻繁に発生する可能性がありますが、一般公開になったサービスが後継サービスなしで終了する場合、12ヶ月前にはアナウンスがされます。Azureサービスはパブリックプレビューの段階から通常のAzure Portalでリソース作成ができるので、Bのような変更はこのタイミングでは発生しません。なお、Azureサービスはパブリックプレビューの状態であることが区別できる表示になっています。

第13章 模擬試験

本書の最後にファンダメンタルズ試験に合格するための模擬試験を用意しました。これまでに各章で学んだ各サービスの特徴や重要ポイントを思い出しながら解いてください。本試験は40問前後の出題で、試験時間は45分です。見直しも含めて45分で終わるように模擬試験で練習しましょう。終了後は、13-3節のスコアレポート換算表を用いて章ごとの正答率を集計し、自分の不得意分野を把握するようにしてください。

13-1

模擬試験問題

問題1

以下の選択肢のうち、パブリッククラウドの特徴として最もよく当てはまるものを2つ選んでください。

A. システム管理業務すべてをクラウドプロバイダーに任せられる
B. 専用ネットワーク経由のアクセス
C. コンピューティングリソースを必要なときにすぐに調達できる
D. 使用するハードウェアの選定が自由にできる
E. 自社でデータセンターを所有しなくてもシステムを構築できてCapExを削減できる

問題2

あなたの会社はAzure上に仮想マシンを構築することを計画しています。仮想マシンのOSディスクは次のうちどこに保存されますか？

A. ストレージアカウント
B. Azure Data Factory
C. Azure Container Instances
D. Azure Cache for Redis

問題3

Azure上の仮想マシンに必要な追加リソースを選択してください。

A. Azure Firewall
B. パブリックIPアドレス
C. 仮想ネットワーク
D. サービスエンドポイント

問題4

次の選択肢のうち、Azure File Syncエージェントを利用してオンプレミスのデータをAzureに同期できるサービスを1つ選択してください。

A. Azure Files
B. Azure Blobコンテナー
C. Azure Data Lake Storage
D. Azureキュー

問題5

クラウドサービスを活用してシステムを構築することで、大地震により広域のデータセンターが使用できない状況が発生した際も、遠隔地のデータセンターでシステムを復旧し、システムに依存したビジネスへの影響を最小限に留めた。この特性を説明する最も適切な言葉を1つ選択してください。

A. 予測可能性
B. ガバナンス
C. 機敏性
D. 信頼性

問題6

インターネット経由でVNet上の仮想マシンにアクセスするためにAzure上のどの設定を確認する必要がありますか？ 2つ選択してください。

A. ネットワークセキュリティグループ（NSG）
B. Azure Firewall
C. Microsoft Defender for Cloud
D. Azure Network Watcher

問題7

［　　　　　　］は、マネージド（PaaS）なリレーショナルデータベースです。空欄に入る正しい用語を選択してください。

A. Azure HDInsight
B. Azure Stream Analytics
C. Power Apps
D. Azure SQL Database

問題8

Azure Service Healthによって、管理者はAzure環境内のすべてのサービスの健全性を確認することができますか？

A. はい
B. いいえ

問題9

ITシステムの利用ユーザー数が増えたので、コンピューティングリソースが足りなくなってきた。そのため、このITシステムを構成するサーバーの台数を増やした。この対応はどちらでしょうか？

A. 垂直スケーリング
B. 水平スケーリング

問題10

あなたは多要素認証（MFA）の機能を有効にする予定です。多要素認証の認証方式として利用できるものを2つ選択してください。

A. 生体認証
B. 音声通話による認証
C. reCAPTCHA
D. パスポート

問題11

Azure Policyのイニシアチブはどのような機能を提供しますか？

A. Azure Blueprintsをグループ化する
B. ポリシー定義をグループ化する
C. Azure RBACをグループ化する
D. リソースグループをグループ化する

問題12

以下の選択肢のうち、Azureリソースグループの特徴として最もよく当てはまるものを2つ選択してください。

A. リソースグループ配下のリソースに対してまとめてロックをかけることができる
B. リソースグループにAzure RBACを適用すると配下のリソースに設定が継承される
C. リソースグループを分けることでリソース間のアクセスを制限できる
D. リソースグループを削除する場合は、先にそのリソースグループに所属しているリソースをすべて削除しなければならない

問題13

クラウドサービスは従量課金モデルで利用するものだが、どの程度のコストが今後発生するかは事前に試算して把握できる。この特性を説明する最も適切な言葉を1つ選択してください。

A. 予測可能性
B. 管理の容易さ
C. ガバナンス
D. フォールトトレランス

問題14

Azure Blob Storageにあるアーカイブアクセス層のデータを取得するには［　　　　］。空欄に入る正しい表現を選択してください。

A. 30日以上保存された場合にデータにアクセスすることができます
B. ホットアクセス層もしくはクールアクセス層に変更する必要があります
C. Azure Backupを使用してデータを利用できる状態にする必要があります
D. データを一度リストアしてからアクセスする必要があります

問題15

Azureで障害が発生してSLAで保証されていた稼働率を下回りました。このような状況になった場合、マイクロソフトはどのような対応を行いますか？ 1つ選択してください。

A. 何もしない。Azureを選択したクラウド利用者が決定責任を負うため
B. システムが使用できなかったことによるビジネス上の機会損失相当額をクラウド利用者が申告し、マイクロソフトがその相当額を支払う
C. 該当Azureリソースの停止していた時間相当の金額が指定された銀行口座に入金される
D. クラウド利用者が申告を行うことでサービスクレジットが適用される

問題16

Azureリソースの頻繁な再作成が必要で、作業の手間が非常にかかっているため作業の自動化を計画したいと考えています。以下の選択肢のうち、自動化を推進する際に最も推奨されるソリューションを1つ選択してください。

A. Azure Portal
B. ARMテンプレート
C. Azure Bot Service
D. Azure Cognitive Services

問題17

以下のそれぞれのサービスで使用されるクラウド展開ソリューションはどれですか。選択肢から適切な解答を選んでください。

サービス	クラウド展開ソリューション
Azureストレージアカウント	IaaS / PaaS / SaaS
Azure Virtual Machines	IaaS / PaaS / SaaS
Azure App Service	IaaS / PaaS / SaaS

問題18

次の各ステートメントについて、正しい場合は［はい］を、正しくない場合は［いいえ］を選択してください。

- Azure Blob Storageに保存できるBLOBコンテナーの最大サイズは5PiBです。………［はい］［いいえ］
- ストレージサービスの冗長オプションは自動的に少なくとも6回のコピーを行います。………［はい］［いいえ］
- ブロックBLOBに保存できる最大サイズは190.7TiBです。………［はい］［いいえ］

問題19

Azureのコスト削減を検討しています。Azure Virtual Machines（仮想マシン）のコスト削減アクションの候補として挙げられた以下のステートメントについて、検討する意味がある場合は［はい］を、ない場合は［いいえ］を選択してください。

- 今後3年継続利用する想定なのでReserved VM Instanceを検討する。………［はい］［いいえ］
- 現在のリージョン以外の別のリージョンの価格を確認し、インスタンスを価格の安いリージョンで立て直す。………［はい］［いいえ］
- Azure Advisorを確認し、リソース使用率の低い仮想マシンをスケールダウンさせる。………［はい］［いいえ］

13 模擬試験

問題20

次のうちどれがMicrosoft Defender for Cloudの機能ですか。2つ選択してください。

A. セキュリティ脅威防止のための推奨事項を提示
B. アプリケーションのキーやシークレットの管理
C. Just-In-Time(JIT)VMアクセス
D. マルウェアの駆除

問題21

以下の選択肢のうち、OpEx(運用支出)に最も当てはまらないものを1つ選択してください。

A. パブリッククラウドの仮想サーバー利用料金
B. 自社データセンターの新規建設
C. ソフトウェアベンダーの技術サポートの月額利用料金
D. Dynamics 365のサブスクリプション利用料金

問題22

以下の選択肢のうち、リージョンの特徴として最も当てはまらないものを1つ選択してください。

A. 日本にはAzureのリージョンが2つ存在する
B. 複数リージョンをまとめたものが可用性ゾーンと呼ばれる
C. リージョン間のデータ転送にはデータ転送料金がかかる
D. 使えるAzureサービスはリージョンごとに違いがある

問題23

Azure上にある未使用のリソースを削除してAzureのコストを削減する必要があります。どのリソースを削除しますか?

A. ネットワークインターフェイス
B. リソースグループ

C. パブリックIPアドレス
D. Azure AD（Microsoft Entra ID）のユーザーアカウント（10ユーザー）

問題24

複数のリソースからのイベント情報を収集し、一元管理された場所に保存するにはどのAzureサービスを利用するとよいですか？

A. Azure Event Hubs
B. Azure Analysis Services
C. Azure Monitor
D. Azure Stream Analytics

問題25

Azureが準拠しているコンプライアンス情報を収集したいと考えています。最もよく当てはまるものを1つ選択してください。

A. 管理グループ
B. ナレッジセンター
C. トラストセンター
D. Microsoft Defender for Cloud

問題26

あなたの会社でAzure上に仮想マシンを作成しました。オンプレミスのネットワークからAzure上の仮想マシンと通信できるようにするには、以下のどのリソースを作成する必要がありますか。2つ選択してください。

A. ゲートウェイサブネット
B. 仮想ネットワーク
C. 仮想ネットワークゲートウェイ
D. アプリケーションゲートウェイ

問題27

Azureを利用していて、ある期間の使用料金が一定額に到達した際にメールで通知したい。どの機能を利用するとよいですか？

A. サブスクリプション
B. ロック
C. 予算
D. 総保有コスト（TCO）

問題28

ローカル冗長ストレージ（LRS）では、Azureストレージアカウントによって維持されるコピーの数はいくつでしょうか？

A. 4
B. 2
C. 6
D. 3

問題29

データをクラウドデータセンターに保存し、自社データセンター内の仮想インフラストラクチャ上で稼働させたアプリケーションサーバーから、クラウドデータセンターのデータを参照できるように構成した。このデプロイモデルとして、最もよく当てはまるものを1つ選択してください。

A. ハイブリッドクラウド
B. マルチクラウド
C. プライベートクラウド
D. パブリッククラウド

問題30

次の各ステートメントについて、正しい場合は[はい]を、正しくない場合は[いいえ]を選択してください。

- Azure Active Directory (Microsoft Entra ID) は
  オンプレミスActive Directoryと同期できる……………………[はい][いいえ]
- Azure Active Directory (Microsoft Entra ID) は
  シングルサインオン(SSO)を提供する……………………[はい][いいえ]
- iOSデバイスはAzure Active Directory (Microsoft Entra ID) の
  MFAの対象デバイスとして管理できる……………………[はい][いいえ]

問題31

新しくAzureファイル共有を作成する必要があります。以下の選択肢のうち何を使うべきですか？

A. Azure App Service
B. SQL Database
C. ストレージアカウント
D. Azure Monitor

問題32

Azure Governmentを使用してリソースを作成できるユーザーは以下のうちどれですか？ すべて選択してください。

A. 米国政府機関
B. 米国政府の請負業者
C. 米国居住者
D. 米国企業で働いている従業員

問題33

以下の選択肢の構成例のうち、ハイブリッドクラウドに最も当てはまらないものを1つ選択してください。

A. 自社センターのサーバーのリソースが不足したので、パブリッククラウドにサーバーを立てて、システムを拡張した

B. サーバーのリソース追加を容易にするため、自社センターのシステムを仮想化し、自社センター内にコンピューティングリソースプールをあらかじめ用意した

C. データベースサーバーとストレージは自社センターに置き、パブリッククラウド上のWebサーバーからデータベースサーバーを参照させた

問題34

Androidで稼働するタブレットからAzure上の仮想マシンを作りたいと考えています。Azure PortalからAzure Cloud Shellを起動し、ここからPowerShellを利用して仮想マシンを作成することはできますか？

A. はい

B. いいえ

問題35

Azure Virtual Desktop（AVD）を操作する権限を付与したいと考えています。どの機能を利用するのが適切ですか？

A. Azure Policy

B. リソースグループ

C. タグ

D. Azure RBAC

問題36

Azureのリソース管理に使用される管理グループの特徴として、最もよく当てはまるものを2つ選択してください。

A. 管理グループの配下に管理グループを所属させられる
B. サブスクリプションは管理グループに必ず所属する必要がある
C. 管理グループを分けることで請求書を分割できる
D. Azureロールベースアクセス制御の適用対象で、配下の管理コンテナーに設定を継承させられる

問題37

以下のそれぞれのサービスで使用されるクラウド展開ソリューションはどれですか。選択肢から適切な解答を選んでください。

サービス	クラウド展開ソリューション
Microsoft 365	IaaS / PaaS / SaaS
Azure Cosmos DB	IaaS / PaaS / SaaS
Azure Virtual Network	IaaS / PaaS / SaaS

問題38

Azure上で稼働中のすべてのWindows Serverのイベントログを収集し、クエリによる分析を行いたいと考えています。どのAzureサービスを利用するとよいですか？2つ選択してください。

A. Log Analytics
B. Azure Service Health
C. Azure Monitor
D. Azure Advisor

問題39

Data Protection Addendumの内容として正しい記述は以下のうちどれですか？

A. データの処理とセキュリティに関するMicrosoftとサービス利用者の義務を定義

B. Microsoftがサービス利用者から収集する個人データ、その用途、およびその目的を記載

C. Microsoftのオンラインサービスにおけるデータ処理とセキュリティの条件を定義

問題40

Azure Active Directory（Microsoft Entra ID）からセキュリティイベントを収集、一元管理をして分析をする必要があります。どのサービスを利用するとよいですか？

A. Azure Key Vault

B. Microsoft Sentinel

C. Azure AD Connect

D. ネットワークセキュリティグループ（NSG）

13-2

模擬試験問題の解答と解説

✓問題1の解答

解答：C. コンピューティングリソースを必要なときにすぐに調達できる、E. 自社でデータセンターを所有しなくてもシステムを構築できてCapExを削減できる

第2章「クラウドの基本的な概念」からの問題です。

マルチテナントで利用できるため、規模の経済を活かしてコンピューティングリソースを大量に確保できるのがパブリッククラウドの特徴ですので、Cは正解です。

自社でデータセンターの建築・所有をすると、資産として扱われて資本的支出（CapEX）が増加します。パブリッククラウドはデータセンターの所有が不要でCapExの削減ができますので、Eも正解です。

クラウドは共同責任モデルに従い、クラウド利用者とクラウドプロバイダーで責任範囲を決めて管理しますが、クラウドプロバイダー側の責任が最も広いSaaSでもアカウント管理などの業務は所有者にありますので、すべてをクラウドプロバイダー任せにはできず、Aは不正解です。パブリッククラウドは通常はインターネット経由のアクセスです。専用線でのアクセスができないわけではありませんが、最もよく当てはまるとはいえないのでBは不正解です。使用するハードウェアの選択肢は、クラウドプロバイダーが提供する範囲に限定されるため、Dも不正解です。

✓問題2の解答

解答：A. ストレージアカウント

第5章「ストレージサービス」からの問題です。

すべてのAzureの仮想マシンには、OS（オペレーティングシステム）ディスクと一時ディスクの2つ以上のディスクがあります。OSディスクはイメージから作成されます。OSディスクとイメージの両方は、実際に仮想ハードディスク（VHD）であり、Azureのストレージアカウントに格納されます。

仮想マシンでは、OSディスクと一時ディスク以外に、1つ以上のデータディスクも保持することができ、これらもVHDとして格納されます。

✓問題3の解答

解答：C. 仮想ネットワーク

第4章「コンピューティングサービス」からの問題です。

Azure上に仮想マシンを作成する際に、仮想マシンは仮想ネットワーク上に作成する必要があります。仮想ネットワークを選択もしくは新規構築してから仮想マシンを作成します。インターネットとの接続がなければパブリックIPアドレスは必須のリソースではありません。

✓問題4の解答

解答：A. Azure Files

第5章「ストレージサービス」からの問題です。

Azure File Syncは、WindowsサーバーにAzure File SyncのエージェントをインストールするとwindowsサーバーとAzure間でファイルの同期ができるストレージ同期サービスです。Azure File Syncを利用するにはストレージアカウントの作成（Azure Files）が必要になります。

✓問題5の解答

解答：D. 信頼性

第2章「クラウドの基本的な概念」からの問題です。

大地震のような広域被災があっても、遠隔地でシステムを復旧できることは信頼性の特徴ですので、正解はDです。

選択肢Aの予測可能性は、主にコストやパフォーマンスなどの利用状態の変化計測と予測対応を目的としたものですが、大規模被災のような突発的な障害には対応していません。選択肢Bのガバナンスは、業界標準などに準拠しない状態を改善させ、改善後の状態を維持させる特徴であり、大規模被災に対応するものではありません。選択肢Cの機敏性は、ビジネス要件の変化に迅速に対応する能力であり、システム復旧が機敏にできるといった意味は含みません。

✓問題6の解答

解答：A. ネットワークセキュリティグループ（NSG）、B. Azure Firewall

第6章「ネットワークサービス」からの問題です。

インターネットから仮想マシンへのアクセスは、ネットワークセキュリティグループ（NSG）の受信・送信セキュリティ規則の設定を確認します。また、Azure Firewallを導入している場合は、Azure Firewallのポリシーを確認します。

Microsoft Defender for CloudとAzure Network Watcherはセキュリティ監視とネットワーク監視のサービスです。

✓問題7の解答

解答：D. Azure SQL Database

第7章「データベースサービス」からの問題です。

Azure SQL Databaseはマネージド（PaaS）なリレーショナルデータベースです。

Azure Stream Analytics、Power AppsはPaaSですがデータベースではないため不正解となります。

Azure HDInsightはPaaSですが、リレーショナルデータベースではないため不正解となります。

✓問題8の解答

解答：A. はい

第9章「管理ツール」からの問題です。

Azure Service Healthは、Azureサービスのインシデントと計画メンテナンスについて通知する機能です。対象としたいリージョン、サービスを選択することが可能です。

✓問題9の解答

解答：B. 水平スケーリング

第2章「クラウドの基本的な概念」からの問題です。

コンピューティングリソースが不足した場合に、スケーラビリティーを活かしてコンピューティングリソースを調整する方法は2つあります。

問題文のように「サーバーの台数を増やす」のは水平スケーリングです。増やすことをより明確にする場合は「スケールアウト」と表現します。選択肢Aの垂直スケーリングは「サーバーの台数を変えずにCPUやメモリーなどを追加する」が特徴ですので不正解です。

✓問題10の解答

解答：A. 生体認証、B. 音声通話による認証

第10章「セキュリティ」からの問題です。

この問題は、多要素認証（Multi-Factor Authentication、MFA）に関する問題です。

多要素認証（MFA）の認証方式として、「ユーザーパスワード」「携帯電話やハードウェアキー（Microsoft Authenticator、SMS、音声通話）」「指紋認証、顔面認識などの生体認証」から2つ以上の認証方式を用いる必要があります。

reCAPTCHAは歪んだ文字を読み取らせたり、指定された写真を選択させるなど、人間とBotを識別するための認証方式です。パスポートは認証方式ではありません。

✓問題11の解答

解答：B. ポリシー定義をグループ化する

第11章「ガバナンス・コンプライアンス」からの問題です。

イニシアチブは複数のポリシー定義をグループ化し、管理グループ、サブスクリプション、リソースグループに割り当てることができます。

✓問題12の解答

解答：A. リソースグループ配下のリソースに対してまとめてロックをかけることができる、B. リソースグループにAzure RBACを適用すると配下のリソースに設定が継承される

第3章「Azureのアーキテクチャ」からの問題です。

リソースグループは配下のリソースをまとめて管理するために利用されるコンテナーであり、誤って削除されることを防止するためのロックやAzure RBAC（ロールベースアクセス制御）を一括適用するために使用します。

リソースグループ自体にはリソース間のアクセス制御を行う機能はないため選択肢Cは当てはまりません。リソースグループを利用するメリットの1つは、リソースグループを削除すると所属するリソースもまとめて削除できる点です。リソースグループを削除する前にリソースグループに所属しているリソースを削除する必要はないため、選択肢Dは当てはまりません。

✓問題13の解答

解答：A. 予測可能性

第2章「クラウドの基本的な概念」からの問題です。

選択肢Aが正解です。予測可能性はコストやパフォーマンスなどの利用状態の変化計測と予測対応を目的としたものです。問題文のように将来いくらコストがかかるか計算できることはコストの予測可能性を意味します。

選択肢Bの管理の容易さはクラウドシステムを効率的かつ効果的に管理できる特徴で、コスト予測と対応をサポートする特徴ですが、問題文の特性を説明する解答として選択肢Aほど適切ではありません。選択肢Cのガバナンスは、業界標準などに準拠しない状態を改善させ、改善後の状態を維持させる特徴であり、将来のコスト試算のためには使えません。選択肢Dのフォールトトレランスは、サーバー故障に対応する特性で問題文のような特徴には当てはまりません。

✓問題14の解答

解答：B. ホットアクセス層もしくはクールアクセス層に変更する必要があります

第5章「ストレージサービス」からの問題です。

Azure Blob Storageにあるアーカイブアクセス層のデータを取得するには、ホットアクセス層もしくはクールアクセス層に変更する必要があります。この作業は完了までに数時間かかります。この作業をリハイドレートと呼びます。またアーカイブ層は180日以上保管されるデータの格納に最適化されています。

選択肢Aの中に出てくる30日以上の保管条件はクールアクセス層についての説明です。

✓問題15の解答

解答：D. クラウド利用者が申告を行うことでサービスクレジットが適用される

第12章「コスト管理とサービスレベルアグリーメント」からの問題です。

Azureのサービスレベルアグリーメント（SLA）で保証されている稼働率を下回った場合、クラウド利用者がマイクロソフトに対して申告を行うことで、サービスクレジットが適用され、次回以降のサービス利用料金がサービスクレジットの分だけ自動的に割引されます。

個々のサービスの利用料金の範囲が上限ですので、ビジネスの機会損失を補填するものではありません。また、銀行口座への現金の入金も行われません。

✓問題16の解答

解答：B. ARMテンプレート

第9章「管理ツール」からの問題です。

繰り返しの作業を自動化する場合はコマンドやスクリプトを使用した方法が最適で、リソース定義情報をJSONで定義できるAzure Resource Manager（ARM）テンプレートの活用が推奨されます。AのAzure PortalはGUIベースの管理画面であるため、ARMテンプレートよりも自動化には適しません。Azure Bot ServiceとAzure Cognitive ServicesはAzureの代表的なAI（人工知能）系のサービスですが、リソース作成とは直接関係がありません。

✓問題17の解答

解答：

サービス	クラウド展開ソリューション
Azureストレージアカウント	IaaS
Azure Virtual Machines	IaaS
Azure App Service	PaaS

第2章「クラウドの基本的な概念」からの問題です。

Azureストレージアカウントは、ハードウェアの所有をせずにストレージ機能を仮想的に利用できるサービスです。PaaSと分類する人もいると思いますが、マイクロソフトの分類では仮想マシンや仮想ネットワークと同様にIaaSとされています。

Azure Virtual Machinesは仮想マシンサービスですのでIaaSです。

Azure App Serviceは、プランを決めるだけでサーバーOSの管理が必要なくカスタムアプリケーションをデプロイして使えるPaaSです。

✓問題18の解答

解答：

- Azure Blob Storageに保存できるBLOBコンテナーの最大サイズは5PiBです。……［はい］
- ストレージサービスの冗長オプションは自動的に少なくとも6回のコピーを行います。……［いいえ］
- ブロックBLOBに保存できる最大サイズは190.7TiBです。……［はい］

第5章「ストレージサービス」からの問題です。

2つ目のステートメントについては、ストレージサービスの冗長オプションは自動的に少なくとも3回のコピーを行います。ローカル冗長ストレージ（LRS）は1つのデータセンター内に、ゾーン冗長ストレージ（ZRS）は1つのリージョンに3つのコピーを行います。Geo冗長ストレージ（GRS/RA-GRS）とGeoゾーン冗長ストレージ（GZRS/RA-GZRS）はプライマリリージョンに3つ、セカンダリリージョンに3つ、合計6つのコピーを行います。それぞれの冗長オプションは利用者が選択できます。

✓ 問題19の解答

解答：

- ◎ 今後3年継続利用する想定なのでReserved VM Instanceを検討する........ [はい]
- ◎ 現在のリージョン以外の別のリージョンの価格を確認し、インスタンスを価格の安いリージョンで立て直す........................ [はい]
- ◎ Azure Advisorを確認し、リソース使用率の低い仮想マシンをスケールダウンさせる.. [はい]

第12章「コスト管理とサービスレベルアグリーメント」からの問題です。

1つ目のReserved VM Instanceは、今後1年あるいは3年の使用を予約することでコストを大幅に削減できるため、今後使い続けることが決まっている仮想マシンのコスト削減策として検討する意味があります。

Azureはリージョンごとに使用できるリソースの種類や料金が変わるため、2つ目もコスト削減策として検討する意味はあります。ただし、リージョンが変わることでインスタンスから外部に送信される通信料金が増加する可能性があります。

仮想マシンはスペックによって利用料金が変わるので、3つ目も検討する意味はあります。Azure Advisorを確認すれば、リソース使用率の低いインスタンスを発見できます。

以上のようにすべてコスト削減として有効な方法です。

✓ 問題20の解答

解答：A. セキュリティ脅威防止のための推奨事項を提示、C. Just-In-Time（JIT）VMアクセス

第10章「セキュリティ」からの問題です。

Microsoft Defender for Cloudの機能は、セキュリティ脅威防止のための推奨事項を提示したり、Just-In-Time（JIT）VMアクセスによる仮想マシンへのアクセス管理の制御を行うことです。

アプリケーションのキーやシークレットの管理はAzure Key Vaultの機能です。マルウェアの駆除はMicrosoftマルウェア対策の機能です。

✓ 問題21の解答

解答：B. 自社データセンターの新規建設

第2章「クラウドの基本的な概念」からの問題です。

運用支出（OpEx）は貸借対照表に資産計上しなくてよい種類の支出です。資産計上して数年かけて減価償却を行うものは資本的支出（CapEx）です。自社データセンターは資産として計上されるものですので、CapExに当てはまります。それ以外の選択肢は資産計上されず、使用した期間と量に応じて都度支払いを行うOpEx型の支出です。

✓問題22の解答

解答：B. 複数リージョンをまとめたものが可用性ゾーンと呼ばれる

第3章「Azureのアーキテクチャ」からの問題です。

リージョンの中に1つまたは複数の可用性ゾーンがあるため、選択肢Bは包含関係が逆です。日本には東日本と西日本の2つのリージョンが2014年から存在します。Azureではリージョン間のデータ転送（送信）には料金が発生します。また、選択できるAzureサービスはリージョンごとに異なる場合があります。

✓問題23の解答

解答：C. パブリックIPアドレス

第6章「ネットワークサービス」からの問題です。

パブリックIPアドレスを作成すると課金対象になるため、パブリックIPアドレスの作成は必要最低限にします。また、不用意にパブリックIPアドレスを付与するとセキュリティの脅威にもなります。

それ以外の選択肢のネットワークインターフェイス、リソースグループ、Azure AD（Microsoft Entra ID）のユーザーアカウントは無償の範囲で利用できます。

✓問題24の解答

解答：A. Azure Event Hubs

第8章「コアソリューション」からの問題です。

Azure Event Hubsは、ビッグデータのイベント取り込みサービスで、1秒あたり数百万のイベントを受信、処理できます。

Azure Analysis Servicesは複数のデータソースのデータを結合し、BI（Business Intelligence）ツールとして活用されます。そのため、大量データを収集する用途としては不適切です。Azure Monitorは、Azureリソースの監視を行うサービスであるため不正解となります。Azure Stream Analyticsは、低コストでリアルタイム分析を行うサービスであり、大量データを収集する用途としては不適切です。

✓問題25の解答

解答：C. トラストセンター

第11章「ガバナンス・コンプライアンス」からの問題です。

トラストセンターではマイクロソフトが提供するクラウド製品のセキュリティ、プライバシー、コンプライアンス、ポリシーに関する情報が提供されています。

✓問題26の解答

解答：A. ゲートウェイサブネット、C. 仮想ネットワークゲートウェイ

第6章「ネットワークサービス」からの問題です。

この問題は、オンプレミスからAzure上のリソースにアクセスする場合のネットワークに関する問題です。

オンプレミスと接続する場合は、接続する仮想ネットワークを準備して新しいサブネットとして「ゲートウェイサブネット」を作成します。その次に、オンプレミスと仮想ネットワークとの間のトラフィックをルーティングするための「仮想ネットワークゲートウェイ」を作成します。その他に「パブリックIPアドレス」と「ローカルネットワークゲートウェイ」の準備をして接続します。

今回はすでにAzure上に仮想マシンを作成していることが問題から読み取れます。仮想ネットワークは作成済みなので、解答はAのゲートウェイサブネットとCの仮想ネットワークゲートウェイとなります。

アプリケーションゲートウェイの作成は不要です。

✓問題27の解答

解答：C. 予算

第12章「コスト管理とサービスレベルアグリーメント」からの問題です。

正解は予算です。予算（Budget）は、コストの管理と請求の一機能で、特定期間のAzureの利用料金の閾値を設定し、ある閾値に到達したときにEメールなどで通知を行うために使用します。選択肢Aのサブスクリプションは請求書の分割単位で、一定額利用した際の自動Eメールという問題文の要件には当てはまりません。選択肢Bのロックは、リソースの削除や変更を防止するための機能で、この問題のような状況には当てはまりません。選択肢Dの総保有コスト（TCO）は、システム利用料だけでなく構築や運用に関わる人件費なども含めた総額コストを示す概念で、この問題のような状況で利用するものではありません。

✓問題28の解答

解答：D. 3

第5章「ストレージサービス」からの問題です。

Azure Storageのローカル冗長ストレージ（LRS）は1つのデータセンター内に3つのコピーを行います。

✓問題29の解答

解答：A. ハイブリッドクラウド

第2章「クラウドの基本的な概念」からの問題です。

パブリッククラウドとオンプレミスを組み合わせたシステム構成は、ハイブリッドクラウドです。

選択肢Bのマルチクラウドは複数のパブリッククラウドを組み合わせるもので、パブリッククラウドとプライベートクラウドの組み合わせでもマルチクラウドとはいいません。パブリッククラウドとオンプレミスの組み合わせという特徴から、選択肢Cのプライベートクラウドと選択肢Dのパブリッククラウドも解答として最適ではありません。

✓問題30の解答

解答：

- Azure Active Directory（Microsoft Entra ID）は
  オンプレミスのActive Directoryと同期できる…………………………［はい］
- Azure Active Directory（Microsoft Entra ID）は
  シングルサインオン（SSO）を提供する……………………………………［はい］
- iOSデバイスはAzure Active Directory（Microsoft Entra ID）の
  MFAの対象デバイスとして設定できる……………………………………［はい］

第10章「セキュリティ」からの問題です。

Azure Active Directory（Microsoft Entra ID）はAzure AD Connectを用いてオンプレミスのActive Directoryと同期できます。また、Azure Active Directory（Microsoft Entra ID）はシングルサインオン（SSO）の提供や、MFAで対象デバイスとしてiOS、Android、Windows、macOSなどをポリシーで設定できます。

✓問題31の解答

解答：C. ストレージアカウント

第5章「ストレージサービス」からの問題です。

Azure Files（ファイル共有）を作成するには、まずストレージアカウントを作成する必要があります。

✓問題32の解答

解答：A. 米国政府機関、B. 米国政府の請負業者

第3章「Azureのアーキテクチャ」からの問題です。

Azureにはソブリンリージョンと呼ばれる特別なリージョンがあり、Azure Governmentはその1つです。Azure Governmentを利用できるのは、米国政府機関および米国政府の請負業者です。一般の米国居住者、米国企業で働いている従業員は利用できません。

✓問題33の解答

解答：B. サーバーのリソース追加を容易にするため、自社センターのシステムを仮想化し、自社センター内にコンピューティングリソースプールをあらかじめ用意した

第2章「クラウドの基本的な概念」からの問題です。

仮想化技術を用いてコンピューティングリソースプールを用意することは、プライベートクラウド化の考え方に沿っています。しかし、ハイブリッドクラウドは、パブリッククラウドとオンプレミス（プライベートクラウドも含む）の組み合わせが前提であるため、自社データセンターでシステムが完結しているBはハイブリッドクラウドではありません。

それ以外の選択肢は、パブリッククラウドとオンプレミスを組み合わせたハイブリッドクラウドモデルです。

✓問題34の解答

解答：A. はい

第9章「管理ツール」からの問題です。

Azure Cloud Shellは、Azure Portalからブラウザ経由でPowerShellを利用できる機能です。

Azure CLIが既定でインストールされており、Azure Portalにログインしたユーザーのアクセス権限でコマンドが実行可能です。

✓問題35の解答

解答：D. Azure RBAC

第11章「ガバナンス・コンプライアンス」からの問題です。

Azureリソースへの操作権限を制御する機能はAzure RBACです。それ以外は権限管理に関係しますが、直接権限を付与する機能ではありません。

✓問題36の解答

解答：A. 管理グループの配下に管理グループを所属させられる、D. Azureロールベースアクセス制御の適用対象で、配下の管理コンテナーに設定を継承させられる

第3章「Azureのアーキテクチャ」からの問題です。

管理グループは、サブスクリプションの上位に存在する管理コンテナーです。Azureロールベースアクセス制御の適用対象として、サブスクリプションやリソースグループと同じように使えます。

サブスクリプションやリソースグループと比較した場合、「管理グループの中に管理グループを所属させられる（階層構造にできる）」点と、「作成が必須ではない（サブスクリプションとリソースグループはリソース作成の前提になる）」という点が特徴的な違いです。請求書の分割はサブスクリプションの分割が必要ですので、選択肢Cは正しい説明ではありません。

✓問題37の解答

解答：

サービス	クラウド展開ソリューション
Microsoft 365	SaaS
Azure Cosmos DB	PaaS
Azure Virtual Network	IaaS

第2章「クラウドの基本的な概念」からの問題です。

Microsoft 365はExcelやPowerPointなどのOffice製品やTeamsなど、マイクロソフトが提供するアプリケーションを利用できるサービスです。カスタムアプリケーションをデプロイせずとも、クラウドプロバイダーが提供するアプリケーションをそのまま使えるこのような形態はSaaSと呼ばれます。

Azure Cosmos DBは、NoSQLのデータベースマネージドサービスです。データベースサーバーのOSパッチ適用などの管理不要で使えることからPaaSに分類されます。Azure Cosmos DBはDBaaS（Database as a Service）と分類されることもあります。

Azure Virtual Networkは、ネットワーク機器の所有をせずに、ネットワーク機能を仮想的に利用できるサービスです。マイクロソフトの分類では仮想マシンや仮想ストレージと同様にIaaSとされています。

✓問題38の解答

解答：A. Log Analytics、C. Azure Monitor

第9章「管理ツール」からの問題です。

Windows Serverのイベントログを収集し分析を行えるAzureサービスはLog AnalyticsとAzure Monitorです。

Azure Service HealthはAzure内の計画メンテナンスや大規模障害が発生した場合に、利用者が通知を受け取れるサービスです。Azure Advisorはネットワーク設定やセキュリティ強化、コスト削減など、システムを最適な状態にする様々なアドバイスを確認できるサービスです。

✓問題39の解答

解答：C. データの処理とセキュリティに関するMicrosoftとサービス利用者の義務を定義

第11章「ガバナンス・コンプライアンス」からの問題です。

Microsoftのデータの取り扱いに関する問題です。Data Protection AddendumにはMicrosoftのオンラインサービスにおける法令の遵守、データの開示、データセキュリティのプラクティスとポリシー、データの転送、保持、削除などのデータ処理とセキュリティの条件が定義されています。

✓問題40の解答

解答：B. Microsoft Sentinel

第10章「セキュリティ」からの問題です。

Microsoft Sentinelはファイアウォール、ネットワーク、Azure AD（Microsoft Entra ID）、アプリケーション、仮想マシンなどのログやセキュリティデータを一元的に集約します。それらの情報を組み合わせて相関分析を行い、セキュリティインシデントを検知します。

13-3
模擬試験スコアレポート換算表

以下のスコアレポート換算表を使い、模擬試験問題の章ごとの正答率を集計してください。正答率が低かった章は理解が不十分な可能性がありますので、重点的に復習してください。

❑ 模擬試験スコアレポート換算表

章	チェック（1回目）	チェック（2回目）	チェック（3回目）
第2章「クラウドの基本的な概念」	□ 1 □ 5 □ 9 □ 13 □ 17 □ 21 □ 29 □ 33 □ 37	□ 1 □ 5 □ 9 □ 13 □ 17 □ 21 □ 29 □ 33 □ 37	□ 1 □ 5 □ 9 □ 13 □ 17 □ 21 □ 29 □ 33 □ 37
第3章「Azureのアーキテクチャ」	□ 12 □ 22 □ 32 □ 36	□ 12 □ 22 □ 32 □ 36	□ 12 □ 22 □ 32 □ 36
第4章「コンピューティングサービス」	□ 3	□ 3	□ 3

章	チェック（1回目）	チェック（2回目）	チェック（3回目）
第5章「ストレージサービス」	□ 2 □ 4 □ 14 □ 18 □ 28 □ 31	□ 2 □ 4 □ 14 □ 18 □ 28 □ 31	□ 2 □ 4 □ 14 □ 18 □ 28 □ 31
第6章「ネットワークサービス」	□ 6 □ 23 □ 26	□ 6 □ 23 □ 26	□ 6 □ 23 □ 26
第7章「データベースサービス」	□ 7	□ 7	□ 7
第8章「コアソリューション」	□ 24	□ 24	□ 24
第9章「管理ツール」	□ 8 □ 16 □ 34 □ 38	□ 8 □ 16 □ 34 □ 38	□ 8 □ 16 □ 34 □ 38
第10章「セキュリティ」	□ 10 □ 20 □ 30 □ 40	□ 10 □ 20 □ 30 □ 40	□ 10 □ 20 □ 30 □ 40
第11章「ガバナンス・コンプライアンス」	□ 11 □ 25 □ 35 □ 39	□ 11 □ 25 □ 35 □ 39	□ 11 □ 25 □ 35 □ 39
第12章「コスト管理とサービスレベルアグリーメント」	□ 15 □ 19 □ 27	□ 15 □ 19 □ 27	□ 15 □ 19 □ 27

索引

数字

A

B、C

D

E、F、G

H、I

た行

な行

は行

ま行

や行

ら行

著者略歴

● 須谷聡史（すやさとし）

日本マイクロソフト株式会社　シニアコンサルタント

Azureインフラのシニアコンサルタントとしてクラウド導入に向けたクラウド戦略策定やAzure Kubernetes Service（AKS）上でマイクロサービスアーキテクチャを実行するためのインフラ設計を担当。本書では第4章、第5章、第6章、第10章を担当している。

● 富岡洋（とみおかひろし）

キンドリルジャパン株式会社　シニアリード・プロジェクトマネージメント

金融系のミッションクリティカルなインフラシステムから、AI・クラウド技術を活用した先進的なウェブアプリケーションまで幅広い技術分野のアーキテクチャ設計やプロジェクト管理を担当。本書では第1章、第2章、第3章、第12章を担当している。

● 佐藤雅信（さとうまさのぶ）

エンジンファイブ株式会社　代表取締役

AWS、Azure、Oracle Cloudを中心としたクラウドでの新規・移行システムのコンサルティング、設計・構築、運用サービスを提供。人材育成にも注力し、大手SIer、スタートアップ企業へのエンジニアトレーニングを延べ1,000人以上に実施。本書では第7章、第8章、第9章、第11章を担当している。

本書のサポートページ

https://isbn2.sbcr.jp/21582/

本書をお読みいただいたご感想・ご意見を上記URLからお寄せください。本書に関するサポート情報やお問い合わせ受付フォームも掲載しておりますので、あわせてご利用ください。

Microsoft認定資格試験テキスト
AZ-900：Microsoft Azure Fundamentals 改訂第2版

2022年 1月 6日　初 版　第1刷 発行
2023年 9月 5日　改訂第2版　第1刷 発行

著　者　須谷聡史／富岡 洋／佐藤雅信
発行者　小川 淳
発行所　SBクリエイティブ株式会社
〒106-0032 東京都港区六本木2-4-5
https://www.sbcr.jp/
印　刷　株式会社シナノ

制　作　編集マッハ
装　丁　米倉英弘（株式会社細山田デザイン事務所）

※乱丁本、落丁本はお取替えいたします。小社営業部（03-5549-1201）までご連絡ください。
※定価はカバーに記載されております。

Printed in Japan　ISBN978-4-8156-2158-2